내 아이의
자존감을 높이는
태교와 육아

내 아이의 자존감을
높이는 태교와 육아

펴낸날   초판 1쇄 발행 2018년 9월 20일

지은이   홍순미·장혜주·이순주·이현주·이은영
펴낸이   방영배
펴낸곳   다음생각
디자인   NAMIJINDESIGN

출판등록   2009년 10월 6일 | 제406−251002009000124호
주 소   경기도 파주시 회동길 495-1
전 화   031−955−9102
팩 스   031−955−9103
이메일   nt21@hanmail.net

ISBN   978−89−98035−49−5 (03590)

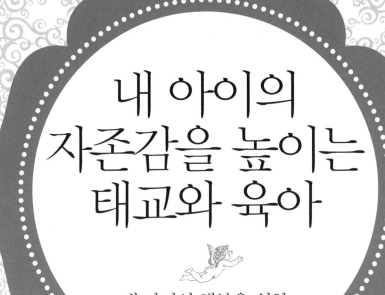

내 아이의 자존감을 높이는 태교와 육아

내 아이의 행복을 위한
태교와 육아 이야기

| **지은이** 홍순미 · 장혜주 · 이순주 · 이현주 · 이은영 |

다음생각

태아를 행복한 아기로 키우는 법

"미안하다! 사랑한다! 행복하다!" 내가 임신했을 때 태아에게 매일 한 말이다. 1984년 봄, 당시 나는 신촌 세브란스병원 응급실에서 근무했다. 이때 소중하고 귀한 아기가 뱃속에서 자라고 있었다. 첫째 아이 임신을 안 순간, 세상을 다 얻은 듯했다. 하늘을 나는 듯한 행복감에 젖었다.

그런데 종합병원 간호사 업무는 가혹할 정도로 버겁다. 뱃속 아기와의 차분한 대화는 거의 할 수 없었다. 출퇴근 혼잡한 버스 안에서의 소통이 대부분이었다. 엄마의 불편함은 태아에게도 영향이 있다. 태아도 자궁 환경이 편안하지 않았는지 출산 때까지 많은 어려움이 있었다. 이때마다 나는 아기에게 주문처럼 읊조렸다. "미안하다! 사랑한다! 행복하다!"

출산 후 육아도 제대로 신경 쓰지 못했다. 3교대 근무로 인해 아기를 많이 안아주지 못했다. 아이는 외할머니 손에서 자랐다. 엄마 품이 그리 웠을까. 아이는 애착장애가 있었다. 엄마의 부재, 엄마의 무관심, 엄마의 그릇된 판단은 아이에게 부정적인 영향을 미칠 수 있다.

나는 부모 교육을 한다. 강의를 하면서 내 아이를 생각한다. 오랜 시간이 지났지만 지금도 "엄마가 미안해"라는 혼잣말을 한다. 좋은 부모가 되고 싶었는데 방법을 몰랐던 지난날을 후회한다. 그럼에도 불구하고 잘자

라준 아이가 한 없이 고마울 따름이다.

새 생명은 준비 후 초대하는 게 바람직하다. 정자와 난자는 수정되는 순간, 엄청난 혼란과 우연한 변수의 유전자 조합이 이루어진다. 자궁 안에서 세포가 하나씩 생성되면서 생명창조 작업이 진행된다. 이 시기의 바른 생명 질서는 자존감이 고양된 인간 형성으로 이어진다. 그렇기에 동서고금을 막론하고 임신 시 주의하고, 태교에 신경 쓰는 것이다. 건강하고 행복하기 위한 인간 삶의 첫 출발은 자궁이다. 이곳의 환경이 인간의 평생을 좌우하는 변수가 될 개연성이 있다.

주위에는 자폐. 주의행동결핍장애. 성격장애, 우울증 등으로 어려움을 겪는 아이가 적잖다. 심히 안타깝다. 이는 유전과 양육환경이 요인이다. 부모교육자인 나는 어느 순간 사명감을 느끼기 시작했다. 행복한 아기를 위한 부모 교육의 필요성과 방법 전파다.이를 위해 함께 연구하는 동료들과 태교와 양육에 대한 책을 쓰게 되었다.

임신 여성은 아기의 미래를 상상하고 희망을 품는다. 이 책이 행복한 상상이 현실의 희망이 되는 가교이기를 기원한다. 생명력 넘친 태교로 더 행복한 미래와 만나기를 기대한다.

가족 간의 정서는 대물림된다고 한다. 부족했던 양육환경이 대물림되지 않기를 바라는 마음으로 글을 썼다. 함께 고민하고, 공부하고, 실천하는 동료들에게 감사드린다.

2018년 9월 1일
저자를 대표하여 홍순미 씀

Contents

1 아기 정서와 태교

2 두뇌와 태교

3 미생물과 태교

4 양육과 애착태교

⑤ 임산부와 음식

⑥ 출산과 모유수유

⑦ 출산과 수유 감동의 스토리

아기 정서와 태교

태아, 사랑받고 싶은 생명체

사랑에 빠진 사람은 주위에서 금세 알 수 있다. 분위기, 태도, 인상 등 모든 것이 평소와는 다르기 때문이다. 예전보다 활력 있고, 즐거워 보인다. 평소에는 화를 낼 일도 대수롭지 않게 넘기고, 그다지 웃기지 않는 일에도 즐거워한다. 걸어가는 발걸음도 가벼워 보인다. 사랑할 때 나오는 호르몬이 정서를 바꾸게 하고, 바뀐 정서가 몸을 변화시키기 때문이다.

사랑받고 크는 아이는 자존감이 강하다. 스스로를 존중하고, 남의 말에 귀 기울일 줄 안다. 또 휘둘리지도 않고, 생각을 자신 있게 표현한다. 틀렸다고 지적당해도, 정당하면 수긍하고 인정한다. 자신의 생각이 틀릴 수도 있고, 남의 생각과 다를 수도 있음을 인정하는 사고의 유연성이 있다.

절대로 틀리지 않았다고 주장하는 사람이 있다. 대개 자존감이 낮다. 틀림 인정이 자신의 존재를 부정당하는 느낌이 들기에 주장을 굽히지 않는다. 생각이 모두 같을 수 없고, 내 생각이 모두 옳을 수는 없다.

사랑받는 아이는 가정에서 의견과 생각을 자유롭게 얘기할 수 있다. 미숙하거나 잘못된 행동이라도 사랑으로 가르쳐주는 부모는 틀리거나 다른 생각을 말해도 혼내지 않기 때문이다. 오히려 몰랐던 것을 자상하게 가르쳐주는 부모가 있다면 더 많이 말하고 싶어 할 것이다. 아이에게 세상에서 제일 위대한 스승은 부모다. 명령하고 지시하는 부모가 아닌, 말 벗이 되어주고 대화를 같이 하는 어버이는 아이도 싫어하지 않는다.

태아는 5개월부터 들을 수 있다. 그렇다면 들을 능력을 얻기 전의 태아는 어떤 생명체일까. 태아 검사를 위해 양수천자를 하거나 배 위에서 빛을 비추면 아기는 눈을 가리고 바늘을 피해 다닌다. 들을 수 없어도 자극에 반응하고 판단할 줄 아는 생명체의 행위다. 태아는 수정된 순간부터 원시적이지만 살아있는 생명체로서의 반응을 보인다. 단지 우리가 인식을 하지 못할 뿐이다. 인간의 육체적 성장이 가장 빠른 시기를 신생아와 사춘기 때로 생각한다. 하지만 임신 중일 때가 인간의 단계에서 가장 폭발적인 성장을 보인다. 이 시기를 어떻게 보내야 될까.

태아에게는 엄마가 온 세상이며 우주다. 엄마의 즐거움, 슬픔 등 다양한 감정을 아기도 느끼고 반응한다. 그래서 엄마의 마음 안정이 극히 중요하다. 태아는 뱃속에서 태어난 후의 세상살이 준비를 한다. 최적의 상태가 되기 위해 전력을 다해 몸을 만든다.

이미 출생 후 오랜 시간이 지난 아기도 엄마의 기분에 영향을 받는다. 아기에게 장난감을 주고 놀게 할 때도 엄마가 웃으며 지켜보면 아이는 한 번씩 엄마를 돌아볼 뿐 자신의 놀이를 한다. 자신을 든든하게 지켜보고 있는 엄마를 보고 안심하고 놀이에 몰입하는 것이다. 옆에 있는 사람이 기분이 안 좋으면 우리가 알아채는 것도 똑같다. 아이는 엄마가 든든히 지켜보고 있다는 믿음이 있어야 독립된 행동이 가능하다.

뱃속에 있는 태아는 엄마 감정에 더 크게 영향을 받는다. 엄마가 슬프면 태아는 같이 우울해진다. 엄마가 행복하고 즐거워하면 아기도 즐거워 몸을 크게 움직이고, 즐거워한다. 즐거운 아이는 움직임이 크다. 즐거운 아이는 도전하는 힘이 강하다. 즐거운 아이는 에너지가 넘친다. 엄마의 사랑이 즐거운 아이가 되게 한다. 그러므로 임신 초기에 태아가 안정감 있게 자리를 잡을 수 있도록 끊임없이 엄마의 사랑을 전하는 것이 좋다.

사랑은 굳이 말을 하지 않아도 알 수 있다. 눈빛으로도 사랑을 전할 수 있고, 접촉으로도 전할 수 있다. 하지만 태아에게는 그런 방법으로 사랑을 전하기가 힘이 든다. 태아에게는 끊임없이 말을 걸어주는 것이 좋다. 엄마, 아빠가 아기를 아주 많이 기다리고 있다고 말을 하는 게 바람직하다. 건강하게 자라서 만날 때까지 기다리고 있으라고 말한다. 태아가 안심하고 편하게 자랄 수 있는 환경을 만들어주는 것이다.

어떤 모임에 혼자서 처음 참석했을 경우를 가정해보자. 누군가 옆에서 계속 웃어주고 말을 걸어주고 다정하게 대해 준다면 다음에도 그 모임에 참여하고 싶을 것이다. 사람은 누구나 다정하게 말을 걸어주는 것을 좋아한다. 다정한 말은 사람의 마음을 열게 한다.

임신초기 가장 조심하고 신경 써야 되는 사람은 엄마다. 그런 엄마에게 큰 영향을 주는 사람은 아빠다. 아빠의 지원과 협력이 태교에 있어서 가장 중요하다. 임신초기는 기쁘기도 하고 두렵기도 하다. 아빠와 같이 아기에 대해서 얘기하고 임신 주수가 늘어나면서 일어날 일에 대해 같이 상의해보는 것이 좋다. 엄마가 아주 든든해 할 것이다. 임신으로 인해 여러 가지 신체변화를 겪게 되는 엄마를 위해 남편은 아내가 안정을 취할 수 있도록 배려해야 한다. 가능한 편하게 지낼 수 있도록 신경 쓰는 게 건강한 아기를 낳는 방법이다.

부모의 사랑으로
커지는 아이의 자존감

사람은 행복을 바란다. 그러나 현실은 녹록치 않다. 내용만 다를 뿐 저마다 고통과 아픔을 겪는다. 2016년도 기준, 우리나라는 하루 36명 자살로 10여 년간 OECD회원국 중 부동의 1위다. 청소년, 청년, 장년 할 것 없이 최고 수준의 자살률을 보이고 있다. 2016년 OECD에서 발표한 '아동 및 청소년 행복지수'도 조사대상국 22개국 중 꼴찌다.

왜 행복하지 않은 사람이 많을까? 돈이 없어서일까? 돈 많은 부자는 행복할까? 그런데 돈 많은 일부 재벌은 나쁜 처신으로 인해 사회적 지탄을 받기도 한다. 만약 그들의 행동이 언론에 보도되지 않고 그저 돈 많은 재벌로 대접받고 있었다면 어땠을까. 그들이 행복한 삶을 살고 있는지 생각해보자. 사람들의 증언이나 CCTV로 볼 수 있는 그들의 평소의 행태는 행복한 사람의 행동으로 보이지는 않는다. 행복한 사람은 따뜻한 사람이고, 주위에 자신의 행복을 나눠줄 수 있는 사람이다. 의도하지 않아도 주위 사람을 편하게 해준다. 마음이 따뜻한 사람과 있으면 옆의 사람 마음도 편안해지는 것과 같다. 따뜻한 햇살이 나그네의 옷을 벗기는 것처럼.

명예를 추구하는 사람을 살펴보자. 높은 지위에 있다가 비참한 지경으로 떨어지는 경우도 있다. 높은 지위에 있을 때 해서는 안 될 일을 한 사람이다. 권력을 무분별하게 사용하다 결국은 비참한 종말을 맞는 사례다.

마음이 아프고 힘들 때 상담할 수 있는 여러 제도가 있다. 인터넷을 통해 얼굴은 몰라도 대중과 소통할 수 있는 방법들도 있다. 자살을 생각하는 사람은 마지막 순간 누구 하나라도 소중한 사람이 생각나면 마음을 돌이킨다고 한다. 힘들 때 주위 누구 한 사람이라도 따뜻하게 위로해주면 다시 일어설 용기를 얻기도 한다. 단 한사람만 있어도 살아갈 힘을 낼 수 있다. 심지어는 그 한 사람이 이미 돌아가신 분일 수도 있다. 자신을 조건 없이 사랑하고 믿어주고 지켜봐주는 부모의 따뜻한 시선을 생각하고 마음을 돌이킬 수도 있는 것이다.

태아는 엄마와 탯줄로 연결돼 생각, 마음을 모두 함께 나눈다. '세 살 적 버릇이 여든까지 간다'는 속담이 있다. 버릇은 행동의 반복으로 몸에 익숙해진 습관이다. 몸과 마음은 하나다. 몸은 생각을 반영한다. 마음 없이 몸은 움직일 수 없다. 처음이 어렵지 두 번째는 쉽고, 세 번째는 더 쉽다. 마음도 그렇다. 처음 하는 경험은 낯설고 떨리지만 반복될수록 편해진다. 지금 이 순간을 살아가는 사람의 마음은 이미 태아 때부터 만들어지고 그 마음을 신체로 표현하며 살아간다.

2013년에 SBS의 영재발굴단 프로그램에서 영재들에 관한 다큐멘터리를 제작한 적이 있다. 방송에 출연한 4,5살 정도의 영재들은 하나같이 부모의 적극적인 태교를 경험했다. 이 아이들은 엄마 뱃속에서 창을 통해 바깥을 봤다고 얘기한다. 상식적으로 이해가 되지 않는다. 엄마가 임신 중에 경험한 일들을 아이들이 자신이 직접 본 것처럼 말한다. 엄마가 말을 걸어줬고 아빠가 책을 읽어준 얘기를 한다. 부모는 아이가 엄마 뱃속에서의 일을 기억하고 있는 것이라고 설명한다. 아이들의 말을 경청하고 동의해준다.

여기서부터 여느 부모의 반응과는 다른 것을 볼 수 있다. 영재의 부모는 태교를 통해 아기와 더 빨리 교감하고 더 좋은 뱃속 환경을 만들어주려고 노력했다. 아이는 이미 뱃속에서부터 한 인격체로 부모의 인정과 존중을 받은 것이다. 아이에게 부모의 무조건적인 지지와 사랑보다 더 중요한 것이 뭐가 있을까. 이렇게 자란 아이는 자존감이 높다. 자신에 대한 사랑이 충만하고 자신감이 넘친다. 자기애가 높은 사람은 실패해도 극복하는 힘이 강하다. 힘든 일도 쉽게 포기하지 않는다. 자신을 다독일 수 있는 힘을 가지고 있기 때문이다. 처음부터 성공에는 노력이 필요하다는 것을 안다.

영재들의 말을 근거로 생각해보면 임신 중의 일을 태아가 감지하는 것으로 여길 수 있다. 그렇다면 임신 초기의 상황은 어떨지 궁금하다. 그때의 일을 아이들이 전혀 알지 못한다고 할 수 있을까. 세상 모든 일이 연구나 실험으로 밝혀지지 않았다고 해서 절대 없다고는 할 수 없다. 망각된 기억도 최면을 통해 되돌리는 경우가 있다. 하찮은 미생물도 외부자극에 반응하고 살아남기 위한 노력을 한다. 뇌가 없어도 그렇게 반응하는 하등동물을 쉽게 볼 수 있다. 생명이 탄생한 순간부터 자극에 대한 반응은 시작된다.

태아에게 조건 없는 무한한 사랑을 줘야 한다. 혹시라도 딸을 바라거나, 아들을 바라지 말자. 그저 소중한 생명이 찾아와 준 것에 감사하자. 딸을 임신했는데 아들을 바라거나 그 반대인 경우의 태아 마음은 어떨지 생각해보자. 할 수 없는 것을 바라는 부모를 보는 아이의 마음은 미안해하고 속상하다. 이것이 반복되면 자신감이 떨어지고, 의기소침해진다. 태아도 마찬가지다. 오히려 더 연약한 생명이다. 있는 그대로 조건 없이 사랑해주고 환영해주는 것이 중요하다.

임신 10개월은 지구 생명체의 36억년 역사를 집중해서 진행되는 과정이다. 우리는 몇 개월에 아이의 신체 어느 부위가 튼튼해지고 어디가 어떻게 발전되는지 완전하게는 모른다. 그저 우리의 몸이 알아서 태아를 성장시킨다. 몸속에 이미 저장되어있는 프로그램으로 태아는 성장한다. 그저 태아가 가장 편하고 즐겁게 성장할 수 있도록 엄마는 몸과 마음을 편하게 하고 태아에게 집중하는 것이 좋다. "착한 딸이라서 엄마는 네가 너무 좋아." 또는 "멋있는 아들이라서 너무 좋아"가 아닌 그저 "내 아이라서 사랑한다"고 해야 한다. 살다보면 부모가 바라는 착한 딸이 되지 못할 수도 있고 멋있는 아들이 아닐 수도 있다. 힘들고 기대고 싶을 때 착한 딸이 아니라서 혹은 멋진 아들이 아니라서 부모에게 기대기 힘들어할 수 있다. 부모는 성인이 된 자녀도 기대어 쉴 수 있는 마음의 쉼터가 되어야 한다. 그것은 자녀에 대한 부모의 무조건적인 사랑이 있어야 가능하다.

정서태교와 음식태교

태교의 대상은 엄마일까, 아기일까. 태교는 엄마 교육이고, 아기 교육이다. 임산부와 태아는 정서적으로, 육체적으로 한 몸이다. 태교는 임산부부를 편안하게 한다. 그 안정감은 태아에게 오롯이 전해진다. 많은 사람은 믿고 있다. 태교를 한 아이와 그렇지 않은 아이의 차이점을 생각한다. 태교를 한 아이에 대한 특별한 긍정의 힘을 기대한다.

태교는 역사드라마에서도 심심찮게 나온다. 왕자를 낳아야 하는 왕비, 집안의 대를 이어야 하는 사대부가의 여인이 임신하면 주변이 모두 경건 분위기로 바뀐다. 집안 모든 이가 조심하고 좋은 일만 생각한다. 임산부에게 따뜻한 배려를 한다. 좋은 음식, 나쁜 음식을 가려 섭생하게 한다. 임산부는 스스로 배를 쓰다듬으며 태교 모드로 전환한다.

현대도 마찬가지다. 주위 사람이 임신한 여인에게 하는 덕담이 있다. "잘 먹고, 마음을 편히 가져!" 이는 태교의 중요한 키워드가 정서안정과 영양섭취임을 의미한다. 영양이 부족하면 마음이 불안하다. 걱정이 있으면 소화력이 떨어진다. 반면 영양이 넉넉하면 마음이 여유롭고, 정서가 안정되면 영양 섭취력도 높아진다. 임산부에게는 정서태교와 음식태교가 강조될 수밖에 없는 것이다. 또 엄마가 섭취한 음식 종류와 방법은 태어난 아이의 섭생에도 영향을 미친다.

인간은 생후 3개월 동안 가장 급격한 성장을 한다. 매달 1킬로그램씩 성장을 한다. 3킬로그램 전후로 태어난 아이는 매달 30퍼센트 가량 몸을 키운다. 신생아는 먹고 자고, 자고 먹는다. 성인도 체중을 늘릴 때 쓰는 방법이다. 할리우드 배우도 뚱뚱한 배역을 맡으면 먹고 자고, 먹고 자고를 반복한다. 산후조리원에서도 잘 먹고 잘 자는 신생아가 급격히 살이 오른다.

그런데 생후 3개월 동안 보다 더 폭풍 성장하는 기간이 있다. 엄마의 뱃속에 있을 때다. 처음에는 눈으로 볼 수 없을 정도의 작은 세포에서 출발한 태아는 10개월 후에는 세상에서 살아가야 한다. 완벽한 기관을 짧은 기간에 모두 갖춰야 한다. 이렇게 성장해야 할 때 환경이 불안하면 어떨까. 태아의 성장은 지장 받는다. 태아에게 영향 주는 환경은 엄마의 영양상태와 정서상태다.

일이 있는데 걱정이 앞선다. 일을 하는데 주위에서 시끄럽게 싸우고 있다. 이 경우 집중이 어렵다. 일을 잠시 멈추거나 싸움이 끝나기를 기다려야 한다. 태아의 입장도 똑같다. 엄마가 잘 먹지 못하고, 슬퍼하고, 불안해하면 아기는 성장 에너지에 집중하기 쉽지 않다.

아기의 정서 안정과 신체 건강을 위해 엄마는 무엇을 해야 할까. 몸은 먹는 것으로 만들어진다. 임신한 여인은 두 명의 몫을 먹어야 한다. 영양섭취에 각별히 노력해야 한다.

엄마의 음식섭취가 부족하면 아기는 바깥 세상에 먹을 것이 부족하다고 인식한다. 호르몬 조절을 통해 음식을 많이 저장할 수 있는 형태로 몸을 만든다. 막상 태어나니 먹을 것이 풍부한 환경이다. 그러나 이미 각인된 아기의 몸은 잘 바뀌지 않는다. 먹는 것의 상당량을 저장한다. 이 같은 아이는 중년이 되면 비만과 당뇨, 고혈압 등 성인병 발병 확률이 높다.

아기의 정서를 위해서는 어떻게 해야 될까. 아기는 엄마의 감정을 모두 느낀다. 탯줄로 엄마와 연결돼 있기 때문이다. 일본인 작가 에모토 마사루는 저서 '물은 답을 알고 있다'에서 물은 주위의 환경에 따라 결정체와 파장이 변함을 말했다. 예를 들어, 물 한 그릇을 앞에 두고 행복, 사랑, 축복 등의 좋은 말을 하면 아름다운 물의 결정체가 생긴다. 반대로 죽음, 불행, 고통 등의 말을 하면 물의 모양이 찌그러지거나 흐트러진다. 물은 좋은 말에는 안정된 파장을, 나쁜 말에는 불안정한 파장을 보인다.

사람의 몸은 70퍼센트가 물이다. 아기는 80퍼센트, 태아는 90퍼센트가 물이다. 태아가 있는 자궁은 양수로 차 있다. 90퍼센트의 물로 만들어진 태아가 양수 속에서 헤엄치고 있는 것이다. 엄마의 감정에 따라 물의 결정체와 물의 파장이 변한다. 엄마의 정서가 중요한 이유다.

생명체는 고유 파장이 있다. 나무가 울창한 산이나 숲에서는 마음이 안정되고 편해진다. 숲에는 수많은 생명의 파장이 가득 차 있기 때문이다. 또한 마음을 안정시키는 피톤치드향이 있다. 모두 생명의 파장을 갖고 있는 것이다. 인간도 생명 파장을 갖고 있다. 하지만 많은 사람은 힘든 일상생활을 한다. 파장들이 많이 불안한 상태다. 하지만 생명의 파장으로 가득 찬 숲에서는 여유롭게 된다. 주위 생명의 파장에 내 파장이 안정되기 때문이다. 실험에 의하면 숲 산책 후의 스트레스 호르몬인 코르티솔의 수치는 전에 비해 많이 줄어든다.

아기의 정서는 엄마와 닮은꼴이다. 아기는 태어남과 동시에 우는 것으로 의사를 표현한다. 그에 따른 반응을 경험하면서 세상을 배운다.

유난히 많이 보채는 신생아가 있다. 수유 후에도 울고, 잠자야 할 시간에도 울고, 안고 있어도 운다. 이런 아이의 엄마는 임신기간에 스트레스를 받은 기간이 긴 편이다. 반면 잘 적응하는 아이의 엄마 중에는 편안하고 안정된 임신기간을 보낸 경우가 많다. 정서가 안정된 임산부가 건강한 신생아를 낳을 확률이 높은 것이다. 뱃속에서 아기가 엄마의 정서를 배운 결과다. 안정된 환경에서 성장한 태아는 앞으로 맞을 세상도 긍정적으로 느끼게 된다. 바깥세상을 훨씬 긍정적이고 편한 마음으로 여긴다. 아이는 태어나 접하는 모든 것이 처음이다. 새롭거나 두렵거나 다양한 감정을 경험하게 된다. 세상에 쉬운 것은 없다. 성인도 처음 하는 것은 어렵고 두렵다. 아기도 마찬가지가 아닐까. 낙천적이고 잘 웃는 산모의 아기는 대체로 잘 먹고 잘 잔다.

엄마와 아기는 탯줄로 이어져 있다. 생각과 감정을 공유한다. 태교는 건강한 몸과 풍부한 정서를 가진 아이로 세상에 나올 수 있도록 준비하는 과정이다.

태교와 스트레스 해소법

행복한 엄마는 행복한 아이를 낳는다. 건강한 엄마는 건강한 아이를 낳는다. 불행한 엄마는 불행한 아이를 낳는다. 슬픈 엄마는 슬픈 아이를 낳는다. 정신장애가 있거나 자폐 성향의 아이가 심심찮게 태어나고 있다. 이는 임산부의 스트레스와도 관계가 깊다. 태아는 탯줄을 통해서 호흡을 한다.

엄마가 스트레스를 받으면 코르티솔이 분비되고, 혈액이 심장으로 모이고, 호흡이 힘들어진다. 산소공급이 부족하면 자궁이 수축되고, 산소가 부족하면 태아는 몸을 움츠린다. 부족한 산소를 최대한 효과적으로 쓰기 위한 행동이다. 엄마의 스트레스는 아기의 뇌 발달에도 영향을 미쳐 정신지체 유발 가능성도 있다. 임산부가 스트레스를 오래 받을수록 태아에게 미치는 영향이 커진다. 특히 직장생활을 하는 임산부는 스트레스의 강도와 노출 기간이 길수 밖에 없다. 남편도 임산부에게 스트레스를 주는 주된 요인 중 하나가 될 수도 있다.

부부는 오랜 기간 다른 문화의 가정에서 자랐다. 생각과 행동 양식이 다를 수밖에 없다. 남편이 먼저 아내를 이해하고 교감해야 한다. 태교는 엄마 혼자 하는 것이 아니다. 임산부 주변 사람이 다 같이 태교에 동참해야 한다.

임신하면 몸이 많이 붓고 아프다. 엄마가 아프면 태아도 건강할 수 없다. 많은 임산부는 흔히 요통, 어깨통증, 허리통증, 소화불량, 변비, 배뇨장애 등을 경험한다. 정서적으로 우울감, 불안감이 증가한다. 이런 불안감은 남편과의 스킨십을 통해 많이 해소가 된다. 단순한 피부접촉만으로도 기분을 좋게 해주는 호르몬이 분비된다.

한때 세계적으로 프리허그 운동이 유행했다. 주최자는 '그저 안아 드립니다'는 표어만 하나 들고 있을 뿐이다. 그런데 사람들의 호응이 상당했다. 어떤 사람은 안기자마자 울음을 터뜨렸다. 단순히 안아주는 것만으로도 위로받는 기분을 느꼈기 때문이다. 남편의 지원이 적극적이면 임산부의 자존감이 높아진다.

임산부의 정서안정을 위한 여러 가지 방법이 추천되고 있다. 주로 명상, 요가, 음악 감상, 산책, 태교일기, 사교활동 등이다.

최근 청소년 인기 프로그램인 MnetTV 프로그램 '고등래퍼2'에서 '명상 래퍼'로 화제가 되고 있는 10대 청소년이 있다. 인터뷰에서 랩을 잘하는 비결로 명상을 꼽았다. 그는 사람들에게 자신의 관찰자가 되라고 권유했다. 또 2018년 평창올림픽의 스타 여자 컬링선수들도 힘들 때마다 명상으로 마음을 다잡았다. 종교와 상관없이 명상은 누구에게나 도움이 된다.

1979년 존 카밧진 박사는 스트레스 감소 프로그램을 개발했다. 이 프로그램을 계기로 명상 연구가 활발히 증가했다. 명상이 불안은 낮추고 집중력과 창의력은 높이는 것으로 밝혀진 덕분이다. 이는 의학, 경영 등 다양한 영역에서 적극적으로 활용되고 있다. 명상을 하루 30분, 최소 3

년 이상 한 사람은 휴식 시 분당 호흡수가 안정적으로 낮게 나온다는 연구 결과가 있다.

라자 박사는 요가가 뇌에 끼치는 영향에 관한 연구로 잘 알려져 있다. 그는 20년 넘게 명상을 연구한 결과 하루 10분 명상의 힘이 가져오는 놀라운 3가지 효과를 발견했다. 첫째, 명상을 통해 감정을 이해함으로써 타인을 더 이해할 수 있는 능력이 생긴다. 둘째, 나에 대해 이해하고 확고한 이미지를 갖게 됨으로써 외부 자극에 덜 민감해진다. 셋째, 스트레스에 덜 민감해진다.

나를 알아가는 명상의 기본은 스스로에 대해 주의를 기울이는 것이다. 임산부의 마음이 편안해지면 태아도 행복한 만족감을 느낄 수 있다. 임산부 스스로 편안해질 수 있는 위안의 메시지부터 개발해야 한다. "힘들었을 텐데 오늘도 슬기롭게 잘 보냈구나"라고 자신의 이름을 부르며 칭찬하기부터 시작한다. 명상할 때는 복식호흡을 한다. 코로 숨을 들이마시면서 배를 부풀리고 입으로 길게 내쉰다. 배의 공기를 빼내는 기분으로 하면 된다. 복식호흡은 임산부와 태아에게 산소를 더 많이 전달할 수 있다. 그러나 임산부는 신체에 무리가 가게 해서는 안 된다.

엄마가 좋아하는 음악 청취도 도움이 된다. 클래식이든, 전통음악이든, 가요든 종류는 크게 고려할 필요 없다. 다만 너무 빠르거나 흥분되는 음악은 삼가는 것이 좋다. 빠른 음악을 들을 때 3차원 초음파로 관찰된 태아는 얼굴과 귀를 가리면서 경직된 모습을 보이기도 한다. 임산부가 들어서 즐겁지 않다면 듣지 않는 것이 좋다. 임산부가 편하고 안정을 찾을 수 있는 음악이면 된다. 건강매체 리브스트롱의 브리짓 콜리아에 따르면 태아는 임신 17주부터 소리를 들을 수 있고 26주부터 엄마의 심장

박동 소리와 외부 소리를 구별한다. 28주부터는 음악에 반응하고 33주에는 음악에 맞춰 숨을 쉴 수도 있다.

숲속 산책은 임산부의 체력유지에 도움이 된다. 또 삼림욕을 통한 살균 효과와 더불어 호흡 기능을 원활하게 한다. 산책은 근육을 사용하게 돼 산소 호흡량이 2~3배 늘어난다. 이를 통해 아기에게 풍부한 산소를 공급하게 되고 나아가 뇌세포의 활성화에도 도움되게 된다. 산책은 임산부의 혈액순환을 증진시켜 다리와 허리의 통증을 완화시키며, 혈압조절에도 효과가 있다. 숲속의 피톤치드와 테레빈향은 비타민과 음이온을 함유하고 있다. 신진대사와 감기, 두통, 불면증 등에 효과가 있어 임산부의 기분전환에 도움이 된다.

세계보건기구(WHO)에 따르면 세계적으로 우울증을 앓고 있는 인구는 3억 5천만 명에 이른다. 임산부도 예외가 될 수 없다. 흔히 산후우울증에 대해서만 얘기하고 있지만 사람에 따라서는 임신기간에 시작되거나, 임신하기 전부터 시작된다. 임신으로 인한 신체변화로 인한 경우와 준비되지 않은 임신으로 인해 갑작스런 역할변화에 대한 부담 때문일 수도 있다.

이로 인해 우울증이 야기된다. 임산부들이 만나서 서로의 어려움을 나누고 얘기함으로써 스트레스를 해소하는 것도 한 방법이다. 임산부의 우울증은 신체, 인지, 정서 등의 기능저하를 초래한다. 그 영향이 태아에게까지 미치므로 주위 가족들의 세심한 관심이 필요하다.

태아기는 아이의 성격과 신체를 만들어가는 가장 중요한 시기

사람은 성공을 꿈꾼다. 사회적으로, 경제적으로 인정받고 싶어 하고, 인간관계에서도 존중받기를 원한다. 성공한 사람에게는 공통점이 있다. 많은 도전을 통해 성취를 했다. 도전에는 실패가 포함돼 있다. 실패 후에도 다시 도전할 수 있는 사람이 성공한다.

많은 사람은 실패하면 의기소침하고, 우울감에 빠진다. 작은 일이든, 큰일이든, 나이가 많든, 적든 거의 비슷하다. 어릴 때의 실패는 경제적 손실은 그리 많지 않다. 자존감에 상처를 입을 수도 있지만 다시 도전 할 수 있는 일이 대부분이다. 하지만 나이가 들수록 실패는 삶에 치명타가 될 가능성이 높다.

결혼한 가장의 실패는 가족의 안녕을 위협한다. 가장의 사업 실패로 가족이 뿔뿔이 흩어지기도 한다. 인생에는 중요한 시험이 있다. 원하는 위치에 올라가려면 시험을 통과해야 한다. 입학시험, 회사의 승진시험, 자격증시험이 대표적이다. 고시를 합격하기 위해서는 몇 년을 투자하기도 한다.

도전하고, 성취하는 사람 상당수는 어릴 때부터 성향이 보인다. 도전하고, 어려운 문제 해결 때의 즐거움을 크게 느낀다. 어려움을 회피하거나,

쉽게 포기하지 않는다. 많은 도전은 경험을 선물한다. 사람은 실패하면 힘들어 하고, 좌절하기 쉽다. 이런 사람도 마찬가지 시련을 겪게 된다. 하지만 도전하는 삶은 실패가 당연한 과정임을 인식한다. 실패 없이 성공할 수 없고, 한 번의 실패가 영원한 패패가 아님을 배운다. 이런 성격은 정서와 밀접한 관계가 있다.

유치원에서 4~5세 아동들을 관찰하면 성향 차이가 나타난다. 퍼즐맞추기로 실험을 했다. 아이에게 완성 못한 퍼즐을 다시 맞출 수 있는 기회를 주었다. 아이들의 성향에 따라 선택이 달라진다. 긍정 성향의 아이들은 미처 완성 못한 퍼즐을 다시 맞추려고 도전하는 경향이 높았다. 이는 긍정 성향의 아이들은 실패를 받아들이고 다시 도전할 수 있는 내적인 힘이 있다는 것을 보여주는 것이다. 반면 맞추기가 어려웠던 퍼즐을 외면하고, 완성된 퍼즐을 택하는 아이는 문제에 대한 스트레스를 많이 받고, 문제 극복에 대한 저항이 큰 경우다. 또 두 유형의 아이가 모두 엄마의 성향과 유사함을 알 수 있다. 아주 어린 아기 때부터 상황에 따라 달라지는 엄마의 얼굴과 말과 행동을 관찰한 결과로 이해된다.

많은 교육학자는 최고의 가르침을 말이 아닌 행동으로 인식한다. 부모가 행동으로 보여주지 않고, 말로만 교육 하면 아이는 말과 행동이 다른 사람으로 성장하게 된다. 아이는 스트레스 상황에서의 엄마 반응을 보면서 행동을 배우게 된다. 아기가 단순히 눈으로만 관찰하고도 부모의 행동을 익히게 된다.

태아는 엄마의 뱃속에 있지만 완전히 다른 독립된 인격체를 만들어가고 있는 중이다. 탯줄로 연결된 엄마가 먹은 영양분을 나눠 받고 있다. 배 속에서 양수의 파동을 통해 엄마의 감정, 호르몬을 전달받아 그대로 느끼고 있다. 엄마는 본성보다는 사회생활로 인한 이성이 더 발달했다.

하지만 태아는 생명체 그대로의 본성을 가진 존재다. 태아는 자신의 생명을 완전히 엄마에게 의존하고 있다. 당연히 엄마의 작은 변화에도 민감하다.

어린 시절의 기억을 더듬으면 부모의 컨디션에 따라 어린이의 기분도 좌우된 경우가 많다. 아버지가 기분이 좋으면 아이는 자유롭게 행동한다. 평소엔 금지된 것도 시도해 볼 수 있다. 하지만 아버지가 불쾌한 상태라면 행동을 조심한다. 작은 실수로 불호령을 맞을 수 있기 때문이다. 기분도 우울해진다. 단체생활에서도 영향력이 큰 사람의 기분을 살피지 않을 수 없다. 태아는 이보다 더 깊이 엄마와 관계를 맺고 있다. 단지 엄마가 태아의 상태를 관찰하지 못할 뿐이다. 태아는 전적으로 엄마의 기분이나 호르몬의 영향을 받는다.

태아는 10개월 동안 엄마에게 의존해 독립을 준비한다. 엄마가 주는 영양분을 통해 출생 후 상황에 대비한 몸을 구성한다. 건강하고 균형 잡힌 음식이 꾸준히 공급되면 자연스런 성장이 이뤄진다. 영양공급이 불충분하면 출생 후에도 그럴 것으로 예상한다. 음식 소비를 최대한 줄이도록 유전자의 기능이 조작된다. 마찬가지로 아기 정서도 엄마의 정서를 그대로 학습하고 익힐 가능성이 크다. 임신기간 중 엄마가 스트레스에 노출이 많이 되면 아기도 우울하고 예민해질 수 있다.

유독 많이 울고, 예민한 신생아가 있었다. 먹으면서도 짜증을 내고, 안아주기 전에는 잠을 자지 않았다. 우는 소리에는 짜증이 섞여 있고, 날카로웠다. 이 아이의 엄마는 임신기간 중에 심한 스트레스를 받았었다. 엄마의 우울호르몬이 탯줄을 통해 태아에게 전달되고, 엄마의 기분이 양수의 파동을 통해 아기에게 전달된다. 이 아이도 엄마의 스트레스에 영향을 받은 것으로 추측된다.

태아 실험에서는 정서와 연관된 중요한 실마리를 찾을 수 있다. 가령, 임산부가 슬픈 드라마를 보며 눈물 흘릴 때는 아기의 태동이 거의 없다. 반면 엄마가 즐거운 영상을 보면서 웃음을 지을 때는 아기의 태동이 활발하다. 마치 엄마가 웃으니 같이 즐거워하는 것처럼 보인다. 사람은 기분이 좋을 때는 몸의 반응이 커진다. 어깨를 펴고, 하늘을 보고, 웃음이 커지고, 발걸음도 힘차게 딛는다. 태아도 힘차게 발을 움직이며, 즐거운 표정으로 행복한 반응을 보인다.

행동이 반복되면, 습관이 되고, 좋은 습관이 반복되면 인생이 달라진다. 태아의 습관은 엄마의 반복된 행동을 통해 익힐 수 있다. '세 살 버릇 여든까지 간다'는 속담은 어릴 때의 교육으로 운명이 결정됨을 의미한다. 세 살 버릇의 시작은 엄마 뱃속의 열 달이라고 생각할 수 있다. 임신은 인생의 기초를 다지는 초석이다. 태아기가 아이의 성격과 신체를 만들어가는 가장 중요한 시기다. 아이의 운명이 뱃속의 10개월로 결정된다. 임신 중의 하루하루는 정말 소중하다.

아기 맞을 엄마의 준비

1970년대만 해도 아이를 셋, 넷 키우는 가정이 일반적이었다. 지금 중년인 사람은 형제자매가 여러 명이다. 당시 정부는 산아제한 정책을 썼다. 둘만 낳아 잘 기르자고 했다. 그러나 정부의 의지와는 무색하게 아이가 다섯 명, 여섯 명인 집도 흔했다. 그 집의 막내는 대부분 남자다. 흔히 여아를 서너 명 낳은 뒤 마지막에 남아를 얻으면 단산을 했다. 다자녀와 남아 선호사상이 낳은 기현상이다.

지금은 그때와는 상황이 정반대다. 핵가족을 넘어선 2인 가족 시대가 되고, 맞벌이가 늘고, 결혼연령이 늦어지면서 출산연령도 높아지고 있다. 하나나 둘만 낳는 가정이 대부분이다. 심지어 출산하지 않고 부부만 사는 경우도 심심찮다. 소위 딩크족(Double Income, No Kids)이다.

어떤 이유로든 예전에 비해 아이를 많이 낳지 않는 사회가 됐다. 아이를 적게 낳고, 경제력도 향상되기에 부모의 자녀에 대한 관심은 매우 높다. 아이를 위한 투자비용이 가계에서 큰 부분을 차지하고 있다.

출산 후 아이를 바르게 양육하는 것은 무척 중요하다. 백지상태로 태어난 아기는 양육에 따라 여러 방향으로 성장할 수 있다. 그렇다면 태아 때는 어떨까. 그저, 임신 기간만 조심해서 지나면 괜찮을까. 그만큼 귀한 아기를 맞이하기 위한 준비도 필요하다.

선조들은 임신 전부터 몸가짐, 마음가짐 방법을 자세히 기록했다. 왜 임신을 하기 전부터 부모가 되기 위한 준비를 시켰는지 생각해보자. 임신은 정자와 난자의 만남에서 출발한다. 수정체의 형성부터 급격한 분화를 거쳐 사람의 형태를 갖추어간다. 체력이 좋은 사람과 체력이 약한 사람이 달리기를 하면 누가 이길까. 당연히 체력이 좋은 사람이 이긴다. 마찬가지로 임신도 건강한 정자와 난자의 만남이 우선이다. 건강한 정자와 난자가 만나야 건강한 아기를 가질 수 있다.

건강한 난자는 충분한 준비로 생산된다. 여성은 가임기간 동안 200개에서 400개의 난자를 배출한다. 난자는 뇌하수체 호르몬 자극으로 15~20개의 난포들이 성숙한다. 그 중에 단 한 개의 난자가 완전하게 성장한다. 난포가 터지면서 과립세포에 둘러싸인 난자가 배출된다. 이것이 배란이다.

계획임신으로 엄마와 아빠의 신체적, 정신적 건강이 최적화되었을 때 아기를 가지면 좋다. 그 아기의 인생은 출발부터 순조로울 가능성이 높다. 건강한 아기를 출산하기 위해서는 엄마의 생활습관 건강성을 살펴봐야 한다. 엽산은 태아의 성장 발육을 돕는 필수 성분이다. 태아의 뇌와 신경관 형성에 중요한 기능을 한다. 임신 3개월 전부터 엽산제를 복용해야 하는 것이 좋다. 달걀이나 시금치, 바나나, 키위, 땅콩 등을 섭취하는게 방법이다. 균형 잡힌 식사와 규칙적인 운동 습관은 정자와 난자의 활동력을 높여 건강한 아기출산을 돕는다. 인스턴트 음식을 줄이고 체중이 많이 나가지 않도록 관리를 하는 것도 필요하다.

아기를 준비하는 엄마의 마음가짐도 중요하다. 결혼이 늦어지면서 출산연령도 높아지고 있다. 최근에는 40세가 넘은 초산모도 심심치 않게 눈에 띈다. 늦은 결혼을 하게 되면 임신이 어렵다. 그렇기에 마음은 더 초조해지게 된다. 아무리 마음을 편하게 가지려고 해도 쉽지 않다. 나이 많은 산모는 인공수정과 시험관아기를 시도한 경우가 많다.

그런데 시술을 여러 번 실패하다 임신을 포기한 사람도 있다. 마음을 비운 그 중의 일부는 임신을 한다. 이런 사례는 꽤 된다. 이를 통해 마음의 편안함과 임신의 연관이 깊음을 알 수 있다.

옛사람은 임신 전 마음 안정 차원에서 산에서 백일기도를 하고, 각방을 쓰며 몸을 정갈하게 했다. 동침도 좋은 날을 가려서 했다. 연구들에 따르면 임신 초기에 강한 충격이나 정신적인 혼란을 겪으면 언청이나 장님 혹은 눈이 아주 나쁜 아기를 낳을 가능성도 있다. 임신 가능성이 있는 여성은 특별히 주위 환경을 안정시켜 고요한 마음을 가지도록 노력해야 한다.

엄마와 태아는 한 몸이다. 엄마의 생각을 태아는 느낌으로 알 수 있다. 한의학에서는 임신 1개월에 간의 경락이 형성되고 눈의 형성에도 영향을 주는 것으로 본다. 아직 임신을 알아채지 못한 엄마가 스트레스를 받는 일이 생기면 시력이 나쁘거나 고집스러운 아이를 낳을 가능성을 시사한다. 한 번 울기 시작하면 끝이 없이 우는 아이도 이에 속할 수 있다.

일부 산모는 임신여부를 4~6주 정도에 알아차리는 경우도 있다. 간단한 테스트를 통해 집에서도 확인할 수 있다. 이렇게 빠른 시기에 임신을 확인해도 임산부가 모르고 지나친 시간이 벌써 4주에서 6주가 된다. 엄마가 알지 못하고 무심히 지나친 이 시기에 태아는 엄청난 분열을 하며 몸을 만들어간다. 이때 주의하지 않으면 초기 유산도 일어난다. 때문에 임신을 준비할 때는 항상 조심해야 한다.

기분이 좋을 때는 능력을 마음껏 발휘할 수 있다. 엄마의 기분이 좋다면 태아는 마음껏 성장할 수 있다. 그러나 엄마의 기분이 항상 좋은 것은 아니다. 주위 환경에 의해 놀라고, 화나고, 두렵고, 욕심내거나 슬픈 감정을 느끼게 마련이다. 이런 엄마의 마음을 안정시키기 위해 명상을 하는 것이 도움이 된다. 대표적인 게 음악명상이다.

음악명상을 하면 고요한 감정을 얻을 수 있다. 연구에 의하면 하루 30분씩 6개월 이상 꾸준히 지속하면 혈압이 떨어지고, 맥박이 느려지고, 손이 따뜻해진다. 음악은 자연음에 가까울수록 더 바람직하다. 음악명상을 통해 분노, 질투, 미움 등으로 부터 해방되고 안정된 마음을 가지면 태아의 마음과 건강에도 긍정적인 효과를 기대할 수 있다.

임신초기의 태아에게 영혼이 있는지, 마음이 있는지는 불분명하다. 하지만 임신한 순간부터 태아를 생명으로 인식하고 사랑으로 대해야 한다. 작은 생명이 혼자 살아 숨 쉴 수 있을 만큼 성장할 수 있도록 안정된 환경을 만들어주는 노력이 필요하다.

만약 폭풍우가 몰아치는 배를 타고 있다면 어떻게 할까? 우선 살기위해 노력해야 된다. 수영도 할 수 없고 바다낚시를 즐길 수도 없다. 파도가 가라앉고 잔잔해져야 낚시를 할 수 있고, 노을을 보며 즐길 수도 있을 것이다. 태아는 엄마라는 바다에 떠 있는 작은 배다. 엄마가 안정된 마음으로 임신시기를 지내는 것이 태아에게 가장 좋은 태교다.

아기 맞을 아빠의 준비

건강한 아기의 탄생은 건강한 엄마와 아빠의 만남에서 시작된다. 엄마는 열 달 동안 태아를 품고 양육한다. 그렇다면 건강한 아이를 맞기 위한 아빠의 준비사항은 무엇일까.

우선, 건강한 정자를 생산해야 한다. 최근 늘고 있는 난임 가정의 원인 중 다수가 정자 기능의 약화다. 기형 정자, 활동성이 떨어지는 정자, 정자수의 감소 등이 원인이다. 남성이 제공하는 난임의 다양한 원인은 결국 정자의 기능 부전이다.

스웨덴 웁살라대 한스 엘레그렌 박사 팀이 네이처 지네틱스에 발표한 논문에 의하면 나이든 수컷의 성 염색체가 암컷보다 6.5배 높은 돌연변이 현상을 보였다. 이런 정자의 잦은 분열 과정 중의 돌연변이는 기형아를 유발할 가능성이 크다. 유전학자들은 지난 1세기 동안 나이 많은 아버지로부터 태어난 아이일수록 기형 등 유전질환이 많다는 사실을 인정해 왔다.

덴마크 역학 과학 센터의 진 리안 추 박사 연구팀에 의하면 나이든 남성에게서 태어난 아이는, 그렇지 않은 경우보다 다운증후군 확률이 4배 이상 높다. 미국 Mount Sinai 의대와 영국 King's College 연구진이 발표한 바에 따르면 아빠의 나이가 40세 이상일 경우 30세 미만 남성의 아이보다 자폐증의 확률이 5.75배 높다. 아버지의 나이가 증가할수록 출생한 아이가 연골무형성증, 마르판신드롬, 에퍼트증후군 등 희귀병에 걸릴 위험도 높다. 이외에도 다수의 논문이 정자와 건강한 2세와의 높은 연관성을 주장하고 있다.

또 한국은 세계적인 술 소비국가다. 덴마트 역학 과학 센터의 진 리안추 박사가 이끄는 연구팀의 조사에 의하면 18~28세의 젊은 남성 1221명에게 하루 142밀리리터 즉 1주일에 1리터의 술을 마시게 한 후 음주전과 비교했더니 생식호르몬과 정자의 질이 저하되었다. 하버드 밀턴 코튼 첵-하버드 의대에서 발표한 연구에 의하면 남성의 적극적인 몸 관리가 임신에 영향을 준다.

정자는 매일 생성된다. 정자의 핵심인 DNA는 나이의 영향을 받는다. 정자의 건강성 위협 요인은 노화와 함께 담배와 술이 대표적이다. 남성의 흡연은 생식세포에서 정자가 만들어지는 약 2개월 동안 영향을 끼친다. 정자발달에 중요한 역할을 하는 단백질인 프로타민을 감소시킨다. 산화스트레스를 통해 정자의 DNA를 손상시켜 생식기능 저하를 가져온다. 담배는 직접적인 불임 위험을 높인다. 또 소아자폐증이나 주의력결핍 과잉행동 장애(ADHD)의 원인이기도 하다.

건강한 임신을 위해서 남성은 적정한 체중을 유지하고 항산화제 역할을 하는 비타민B와 C를 꾸준히 먹는 것이 좋다. 항산화제 투입 후 활발해진 정자의 활동을 볼 수 있다. 또한 엽산과 아연도 정자를 건강하게 해주므로 섭취하는 것이 좋다.

뱃속에 아이를 품고 있는 엄마와는 달리 아빠는 아이에게 민감하기 힘들다. 태동을 보이기 전까진 아이를 실감하기 어렵다. 하지만 임신을 안 순간부터 아빠의 태교가 시작되어야 한다. 아이는 양수 속에서 듣고 엄마를 통해서 바깥세상을 느끼고 있다.

사주당 이씨의 태교신기에는 '스승의 10년 가르침이 어머니의 10개월 기름만 못하고, 어머니의 10개월 기름이 아버지의 하루 낳음만 못하다'는 말이 있다. 아이의 인생에 아빠의 역할이 어떠한지 옛 어른들의 생각을 알 수 있다. 아이가 만들어지는 순간의 정자는 최고 5억대 1의 확률로 단 한순간에 결정이 된다. 3개월 전부터 관리해온 몸의 상태에 따라 정자의 질이 결정된다. 거기서부터 아이의 인생이 시작되는 것이다.

아이를 준비하는 3개월 동안은 술과 담배를 금하는 것이 좋다. 아이의 인생의 초석을 다지는 시기이기 때문이다.

아빠의 태담과 태아

임신을 한 엄마는 태동을 느끼며 아기의 존재를 실감한다. 반면 아빠는 아기가 생겼다는 감정이 낯설기만 하다. 아직 부르지도 않은 아내의 배를 보면서 아이와 대화하고, 태교하는 게 쑥스러울 수도 있다. 하지만 태교는 임신 전부터 시작하는 것이다. 임신을 안 순간부터는 본격적인 태교에 들어간다. 임신 전에는 아이를 맞기 위한 준비태교를 한다.

태아가 맘껏 자랄 수 있는 환경은 엄마의 마음이 편하고 고요할 때다. 아이를 가진 여성은 급격한 호르몬 변화로 마음상태가 불안하다. 초기일수록 더욱 그렇다. 아이를 가진 여성의 마음을 편하게 하는 것은 남편의 몫이다. 아이를 기다리는 부부는 임신 전부터 몸과 마음을 새롭게 해야 한다. 그 정성이 출산 후까지 이어질 수 있도록 같이 그리고 철저히 준비해야 한다. 엄마의 정서 안정에 초점이 맞춰져야 한다. 최고의 태교는 엄마의 안정이기 때문이다.

여러 연구에 의하면 엄마 뱃속의 아이는 이미 느끼고 듣고 반응한다. 한 예로, 3차원 초음파를 통해 아빠와 낯선 사람의 목소리를 들려주면 태아의 반응이 다르다. 태아는 아빠가 읽어주는 동화책 소리에 미소를 짓는다. 그러나 낯선 이의 목소리에는 귀를 막고 얼굴을 가렸다. 이 같은 행동은 무섭고 두려워 숨고 싶을 때 하는 몸짓이다. 태아의 반응에 확연한 차이가 나는 것이다.

이는 태아의 목소리 구분 가능성을 시사한다. 양수 속에 있는 태아에게는 고음의 엄마 목소리보다 중저음의 아빠 음성이 더 안정감 있게 전달된다. 저음의 주파수가 물속에서 더 잘 전달되기 때문이다. 엄마는 아빠가 배를 마사지하거나 책을 읽어주면 기뻐한다. 아기를 가진 아내를 사랑해주는 남편의 행동에 즐거워한다. 엄마가 행복하면 태아도 편안하다.

사람은 낯선 환경을 만나면 당황하고 불안해한다. 하물며 이제 막 세상을 만나게 되는 아기는 어떨까. 따뜻한 엄마 품을 떠나 처음으로 낯선 세상을 만나게 된 아기는 불안하다. 태어나자마자 첫 호흡과 함께 큰 울음으로 세상과 만난다. 이때 배 속에서 자주 듣던 목소리를 들으면 보다 편안하고 안정된 감정을 가질 수 있다. 분만환경은 조용하고 어둡다. 세상에 처음 나온 아기의 안정감을 고려한 조치다.

편안하고 안정되면 뇌에서 행복 호르몬인 엔도르핀과 옥시토신이 분비된다. 굳이 이 같은 지식을 알지 못해도 편안한 분위기에서 잠이 잘 오고, 기분이 좋고, 행복해짐을 알고 있다. 막 세상에 나와 적응하기에 숨가쁜 아기는 두려울 수 있다. 이 상황에서는 아빠의 목소리가 힘이 된다. 많은 산모는 증언한다. "아빠의 태담을 많이 들은 아기는 아빠 목소리를 듣자마자 울음을 그쳤어요." 또 잠을 자던 아기가 아빠의 목소리에 눈을 뜨는 경우도 있다. 배 속에서 듣던 아빠의 목소리를 기억하기 때문이다. 아기는 잠을 자다가도 깰 정도로 아빠의 목소리는 반갑다.

처음 세상을 나온 아기에게 가장 가까운 사람은 부모다. 아이는 엄마와의 접촉과 모유수유를 통해 빨리 익숙해지고 가까워질 수 있다. 아빠는 엄마를 통해 양수 속의 아기에게 태담을 전한다. 태아는 엄마와의 대화를 통해 아빠의 목소리를 간접적으로 만난다.

친해지는데 시간이 필요하다. 만약, 아빠가 태담을 많이 하지 않고 엄마와의 대화가 부족하다면 어떨까. 아이는 아빠와 친해지기까지 시간이 더 필요할 것이다. 아이의 몸은 자궁에서 만들어지는 태아기 때부터 바깥세상을 예상하면서 성장한다. 매일 듣는 엄마 목소리 외에 수시로 따뜻한 말을 건네주는 누군가를 만나면 훨씬 친숙하고 편한 마음이 될 것이다.

여성은 임신을 알게 되었을 때 마냥 신기해한다. 입덧을 시작하면서 임신을 실감한다. 입덧이 가라앉고 태동을 느끼면 태교를 의식한다. 책을 읽고, 음악을 듣고, 좋은 생각을 하려고 노력한다. 뱃속의 아이를 느끼면서 실감하는 엄마와는 달리 아빠는 시간이 필요하다. 임신중인 아내와 같이 있는 시간도 하루 중에 그리 길지 않다. 미약한 태동도 감지하는 엄마와는 달리 아기가 있다는 느낌도 별로 없다. 하지만 달라져야 한다. 초음파로 태아의 반응을 볼 수도 있다. 볼 수 없다고 해서 태아가 느낄 수 없다고 생각해서는 안 된다.

태아는 5개월이 되면 외부의 소리를 양수 속에서 듣기 시작한다. 청각은 가장 먼저 외부와 소통하는 감각이다. 높은 주파수를 가진 엄마의 목소리보다 낮은 음의 아빠의 목소리를 더 잘 들을 수 있다. 사람은 자극을 느끼고 반응하면서 외부와 소통해야 살아갈 수 있다. 성인도 혼자서는 살 수 없다. 몸도 마음도 외부에서의 꾸준한 자극이 살아갈 수 있는 원동력이다. 아기도 마찬가지다. 따뜻한 소리를 들으면 안정을 느끼고 마음 편하게 성장할 수 있다. 아기는 아빠의 목소리를 더 빨리 알아듣고 더 안정을 느낄 수 있다. 아빠가 태교에 더 적극적이어야 하는 이유다.

태담을 열심히 하는 아빠들이 한결같이 "아기가 반응한다"고 말한다. 아빠가 동화책을 읽어주면 배 속에서 아기가 더 많이 움직인다. 아기의 몸집과 움직임이 커져서 눈으로 관찰되기 때문에 알 수 있다. 태아는 사실 아빠 엄마가 알아채기 어려울 정도로 작을 때부터 목소리를 알아듣고 반응한다. 엄마 아빠가 더 일찍 아기의 반응을 알아차릴 수 있다면 더 빨리 태교에 관심을 가질 것이다. 보이지 않고 느껴지지 않는 작은 태아지만 아기는 아빠를 기다리고 있다. 사랑하는 아빠가 아기 맞을 준비를 하고 있음을 태담으로 들려줘야 한다.

아빠와 태교의 바다

아빠와 잘 지내는 아이가 성공한다는 연구가 있다. 영국 옥스퍼드대 연구팀이 비슷한 환경의 1만여 가구를 대상으로 아이들의 성장과정을 추적 조사했다. 그 결과 아빠가 아이의 육아에 얼마나 참여하느냐에 따라 아이의 성공확률이 달라짐을 알 수 있었다. 아이의 육아에 적극적인 아빠들이 아이의 성장기에도 아이와 대화를 하고 같이 시간을 보내는 경우가 많았다.

왜 이런 결과가 나왔을까. 아이는 대부분의 시간을 엄마나 할머니에 의해 양육된다. 성인 여성들은 아이를 돌볼 때 거의 같은 방식으로 안고, 재우고, 먹이고, 달래기 등을 한다. 크게 보면 전 세계 대부분의 아이는 비슷한 손길로 양육된다. 아이 아빠인 남성의 아이 돌보는 장면을 한번 상상해보자. 인터넷에 한 번씩 올라와 화제가 되는 영상 중에 아빠에게 아이 맡기면 안 되는 이유의 타이틀 동영상이 있다. 이런 영상에서 여성과는 확연히 다른 남성의 아이 돌봄 패턴을 볼 수 있다. 아이를 장난감처럼 휙 던져 올려 받는 아빠도 있고, 아이를 놀이의 대상처럼 대하는 모습도 볼 수 있다. 이렇게 파격적인 모습이 아니더라도 아이와 놀아주는 아빠들의 육아방법은 여성이 아이를 돌보는 것과는 확연히 다르다. 완전히 다른 자극이 아이에게 전해진다.

아이 입장에서 살펴보자. 엄마와 있을 때의 아이는 차분한 환경에서 엄마에게 안겨 있다. 엄마가 읽어주는 책을 같이 보고 듣는다. 음식을 먹을 때는 또 어떤가. 식탁에 앉아 직접 손에 숟가락을 쥐고 먹거나 엄마가 아가에게 '아~'하고 음식을 넣어주는 모습을 상상할 수 있다. 아기 입에 음식이 묻거나 바닥에 흘리면 얼른 닦는 엄마의 모습도 볼 수 있다. 아빠는 이와는 조금 다른 경우가 많다. 아이가 음식을 먹으면서 조금 흘려도 크게 개의치 않고 손으로 쥐거나 가지고 장난을 치는 등의 행동을 수용해 주는 범위도 훨씬 크다.

아이와 놀 때도 정적인 엄마와는 다른 모습이다. 몸으로 놀아준다. 아이는 아빠와 놀면서 평소와는 다른 근육을 쓰는 등 새로운 몸 자극을 받게 된다. 앉아서 눈 맞추고, 손을 잡고, 얘기하고, 노래를 불러주는 엄마와는 달리 아빠와의 몸 놀이를 통해 또 다른 쾌감을 느끼게 된다. 안하던 동작을 통해 새로운 자극을 받을 수 있다. 엄마와는 달리 힘겨루기 놀이를 통해 아빠가 이기면 속상해할 것이고 아빠에게 이기면 승리의 쾌감도 느낄 수 있을 것이다. 이런 행위는 아이의 몸과 마음에 다양한 자극을 주고 아이의 신체와 정신적인 성장에도 기여를 하게 된다.

사람은 출생 후 3년간의 모든 경험을 스펀지처럼 받아들인다. 그 내용을 뇌와 몸에 저장한다. 이 시기의 아이는 비판이나 판단 없이 모든 것을 있는 그대로 받아들인다. 이때의 경험이 인생을 살아가는데 가장 기초적인 행동양식과 생각 양식이 된다. 그것을 토대로 새롭게 받아들일 경험과 지식을 그물망처럼 엮어나간다. 어쩌면 아이의 최초 3년은 앞으로 살아갈 인생에서 방향을 잡아주는 지렛대 같은 역할을 하게 될지도 모른다. 우리가 어떤 일을 처음 시작할 때도 이와 마찬가지다. 아무 지식 없이 어떤 일을 새로 시작할 때는 무조건 배우고 익히는 것이 기본이다. 기초가 되는 과정을 익힌 후에 반복되는 경험과 실수를 통해 익숙해지고 더 나아가 노련한 기술자가 될 수 있다.

이렇듯 어떤 일이든 기초를 다지는 시간이 필요하다. 또 가장 중요한 시간이기도 하다. 반면 눈에 보이는 성과는 없고 겉에서 보면 일을 하는지 어떤지도 알 수 없는 지루한 시간이다. 건물을 짓는 공사현장을 생각해보자. 건물을 지을 때도 가장 오래 걸리는 게 바닥 다지기다. 지으려는 건물이 크면 클수록 이 시간은 더 길어진다. 기초가 튼튼하고 바닥이 제대로 다져져야 건물을 크고 높게 올릴 수 있기 때문이다. 대충 날림으로 지은 건물은 얼마 안 되어 문틀이 찌그러져 문이 닫히지 않거나 벽에 금이 가거나 물이 새는 등 부실공사로 이어진다. 공부할 때도 그렇고 새로운 일을 시작할 때 처음이 항상 제일 어렵고 낯설고 힘이 든다. 하지만 이때 더 많은 노력과 정성이 필요하다. 제대로 다져지지 않은 기초현장은 항상 부실공사로 연결된다.

건물을 지을 때도 중요한 기초공사를 위해 시간과 정성을 투자한다. 하물며 아이의 인생이야 설명할 필요도 없다. 내 아이 인생의 출발점은 어디일까. 태어나서 3년이다. 이 시기만 무조건적인 사랑과 배려로 즐겁고 행복한 유년시절만 만들어주면 되는 걸까. 물론 이 시기가 아주 중요하다. 태아도 엄마와 똑같이 느끼고 생각하고 반응하고 있다는 것을 과학자들의 힘을 빌려 알고 있다.

우리 선조는 아이의 인성이 성인의 인성으로 연결되고 태아의 인성이 아이의 인성의 바탕이 된다는 것을 알았다. 또 엄마의 정서가 태아의 정서와 밀접한 관련이 있다는 것을 알았다. 그래서 각종 태교 서적에서 임신시기의 마음가짐과 몸가짐에 대해 기록으로 남겨두고 있다.

임신 중일 때 태아는 어떻게 하고 있을까 생각해보면 태교가 왜 중요한지 알 수 있다. 거기에 한 가지 더 이제 우리는 의학기술의 발달로 엄마 뱃속에 있는 아기가 엄마의 기분에 따라 웃고 울며, 아빠의 책 읽는 소리에 웃음 짓고, 낯선 소리에 눈과 귀를 막고 겁내는 것을 관찰할 수 있다. 아빠의 적극적인 태교는 엄마를 행복하게 한다. 엄마의 행복은 아기의 행복이고 행복한 정서로 만들어진 아이는 긍정적인 아이로 성장할 수 있다. 아이의 인생에 절대적인 영향력을 끼치는 아빠의 육아를 아빠의 태교로 끌어올려야 한다.

아빠 태교의 힘

신조어에 '육아빠'가 있다. 육아하는 아빠의 줄임말이다. 남녀가 만나서 아이를 낳고, 같이 키우는 것은 당연하다. 그런데 요즘에야 이런 단어가 생겼다. 이는 그동안 육아하는 아빠가 우리에게 친숙하지 않았다는 반증이다. '아이를 제대로 된 성인으로 키우는 데는 마을 하나가 필요하다'는 영국 속담이 있다. 그만큼 아이 양육에 필요한 것이 많다. 육아빠 단어에 비해 친숙한 게 '독박 육아'다. 거의 대부분 시간을 혼자서 아이에 매달리는 엄마를 뜻한다. 여전히 육아빠 보다는 독박 육아에 빠진 여성이 압도적으로 많은 게 현실이다.

영국의 뉴캐슬 대학에서 프로젝트를 진행했다. 1958년생 영국인 1만1천여 명을 대상으로 어린 시절에 아빠와 독서, 여행 등 재미있고 가치 있는 시간을 많이 보낸 그룹과 그렇지 않은 그룹으로 나누어 조사를 했다. 그 결과 전자는 지능지수(IQ)가 높고, 사회적인 신분 상승 능력도 큰 것으로 나타났다. 출생 후 아빠와의 관계를 보여주는 사례다. 그렇다면 태어나기 전의 부모와의 관계가 아이에게 미치는 영향은 어떨까.

스세딕 태교법으로 알려진 조셉과 지스코 부부의 태담은 의미심장하다. 이 부부가 낳은 네 딸의 평균 IQ는 160이 넘는다. 첫째 딸인 스잔은 생후 2주 만에 맘마라는 말을 했고, 1년 만에 동화책을 읽기 시작했다. 남편은 미국인 기술자이고, 아내는 영어선생으로 일본여성이다. 태교는 남편의 권유로 시작했다. 일반적으로 동양권은 태교에 대한 기록과 정서가 넘치지만 미국은 낯익은 풍경은 아니다. 남편은 아내에게 말했다. "뱃속의 아이는 이미 생명이다. 분명히 우리의 말을 알아듣고 있다. '태내 교육'은 조상 대대로 전해지고 있다. 미리 세상에 태어날 준비를 아기에게 해주는 게 좋다." 남편은 아내가 아이에게 최대한의 애정을 쏟을 수 있도록 주위 환경을 조성하고, 태교에도 적극 동참 했다.

사람은 다양한 환경에 노출되고, 여러 경험을 통해 배우고 성장한다. 태아에게 다양한 목소리와 여러 이야기를 들려주는 것이 좋다. 엄마의 자궁대화는 여성으로서, 또 한 사람만의 경험이라는 한계가 있다. 아빠가 생활과 경험을 이야기하면, 아기는 더 많은 내용을 경험한다. 정보량과 다양성이 두 배가 된다. 아빠의 사회생활, 인간관계, 취미 등 시시콜콜한 모든 것이 대화거리다. 태아가 귀를 쫑긋 세울 수 있도록 아기의 눈높이에 맞춰 이야기를 해 주는 것이 좋다. 태아에게는 또박또박 말을 한다. 아기가 들을 수 있는 수준으로, 앞에서 말을 걸듯이 한다. 정확하고 애정 담긴 올바른 말씨가 아기의 정서와 언어 발달에 도움이 된다.

태아에게도 한 인간으로서 정성을 다해야 한다. 특히 양수에서 자라는 태아에게는 아빠의 저음이 훨씬 더 잘 전달됨을 생각해야 한다. 아침 출근 때 아기에게 인사하고, 회사에서 돌아오면 태아에게 책을 읽어준다. 또는 아빠의 사회생활에 대해서도 짧은 시간이라도 얘기하는 시간을 갖는다.

영국 글라스고우 대학의 데니스 스토트 박사에 따르면, 태아의 온갖 육체적. 정서적 장애의 원인은 불행한 결혼 생활이나 부부 불화로 인한 것이 많다. 그는 1천 300명 어린이와 그 가족을 대상으로 조사했다. 그 결과 서로 위로하고 사이가 좋은 부부보다 싸움을 하는 등 사이가 좋지 않은 부부 사이에서 정신적. 육체적 장애아가 태어날 위험률은 약 2.5배 높았다.

태아에게 가장 긍정 영향을 미치는 것은 좋은 부부관계다. 임신으로 힘들어하는 아내를 배려하는 남편의 사랑은 아내를 감동하게 한다. 자신의 입덧으로 같이 못 먹고 굶는 남편을 보면서 더 눈물이 난다는 아내도 있다. 태아는 서로의 아픔과 힘겨움을 위로하고 감싸는 엄마 아빠의 감정을 피부로 느낄 가능성이 있다. 사랑하는 부부 사이에게 자라는 태아는 행복의 조건을 50퍼센트쯤은 채우고 있는 셈이다.

숲으로 가는 태교 여행

최근 젊은 세대에서는 태교여행이 유행하고 있다. 임신 초기가 지난 안정기에 경치 좋은 국내나 가까운 해외로 짧은 여행을 가는 것이다. 여행에는 돌고래를 만나는 프로그램도 있다. 돌고래의 초음파가 임산부와 태아의 안정에 도움 되기를 기대하는 행위다. 실제로 페루인은 태아에게 돌고래 초음파를 들려주면 뇌가 자극되는 것으로 믿고 있다. 돌고래 태교여행은 이 같은 믿음이 상품화된 것이다.

태교여행은 말 그대로 태교를 위한 나들이다. 그러나 임신 초기 심한 입덧으로 제대로 먹지 못한 임산부가 출산 후 육아로 인해 바깥세상에 잘 나가지 못하는 현실을 감안한 여행이기도 하다. 정서적으로나 육체적으로 임산부의 힐링 여행이다.

임신 중에 태교의 이름을 빌리면서까지 왜 자연으로 가려고 할까. 여행은 상상만으로도 행복해질 수 있다. 산이나 바다로 가면 마음이 편해지고 너그러워진다. 2000년대 들어 우리나라에도 캠핑 열풍이 계속되고 있다. 예전에 비해 캠핑 동호회가 부쩍 늘었다. 주말이면 가족이나 동호인이 장비를 챙긴 채 산과 바다로 가는 것을 자연스럽게 본다. 어둠이 내린 초겨울이든, 별이 빛나는 여름밤이든 저녁을 먹고 캠핑장에서 모닥불을 사이에 두고 이런 저런 얘기를 나누면 금세 평온해진다. 그 기분은 혼잡한 도시에서는 느끼기 힘든 것이다. 묘하게 차분해지고 편안해진다. 이 것이 힐링이다.

임신을 하면 이상한 신체변화를 겪게 된다. 평소 좋아하던 음식의 냄새를 맡기만 해도 토한다. 억지로 겨우 몇 모금 먹고 나서 바로 토하는 입 덧은 대부분의 임산부가 겪는 일상이다. 입덧이 심한 임산부는 물도 마시지 못한다. 냄새도 싫어한다. 이 같은 아내를 둔 남편은 유머로 안타까움을 달래기도 한다. '임신하면 초능력이 생기는가'라고 묻는 경우다. 방 안에 있는 아내가 냉장고 문을 여는 것을 아는지 모르겠단다. 임신을 하 면 극도로 예민해진다.

임신한 여성은 거의 먹지 못한 채 초기를 보낸다. 일부는 임신 마지막 달까지 직장생활을 한다. 임신 기간에는 늘 흔들리는 배에 타고 있는 것처럼 속이 울렁거리고 메스껍다. 그렇기에 토하기도 한다. 힘든 입덧이 빨리 끝나는 임산부는 행운아다. 오죽 심했으면 토하는 아내를 보고 같이 울었다는 남편 얘기도 들린다. 입덧이 진정된 후 산 좋고, 물 맑고, 공기 좋은 곳으로 가는 것은 어쩌면 감옥에서 벗어난 기분과 비슷할 수 있다. 임신 중에 떠나는 태교 여행은 스스로에 대한 위로이자 상이다.

숲으로 가는 태교여행도 좋다. 숲에는 임산부에게 필요한 게 많다. 주위는 모두 녹색이다. 파랑과 노랑을 섞으면 나오는 녹색은 흥분을 진정시킨다. 푸른 숲을 보면 저절로 심호흡이 되면서 편안해지는 이유다. 도 시 생활에 지친 현대인에게 필요한 색이 휴식과 에너지를 충전해 주는 녹색이다. 이 색은 마음을 가라앉히고, 생각을 깊게 하고, 호흡이 길어지 도록 한다. 숲속 나무에서 뿜어져 나오는 피톤치드는 뇌를 조정해 스트레스를 가라앉히고 진정시켜 마음을 안정시킨다. 또한 우리가 알지 못하지만 숲에 있는 많은 것이 신체를 변화시킨다.

생명이 있는 모든 것들에는 고유의 생명파장을 가지고 있다. 자연에는 온갖 생명의 파장으로 가득 차 있다. 바람소리, 빗소리, 낙엽 밟는 소리, 시냇물 소리 등 자연의 모든 것이 그렇다. 또 나무와 나무의 향기, 작은 생명체도 고유의 생명 파장을 갖고 자연에 무공해상태로 존재한다. 자연 그대로인 날것들의 생명력이 스트레스로 시들어가는 생명에게 활력을 불어 넣어준다. 생명의 파장들로 둘러싸인 곳에서는 인간의 파장도 자연스럽게 리듬을 타고, 안정을 찾는다.

2

두뇌와 태교

뇌의 탄생과 구조

인간의 뇌(腦)는 머리뼈 안에 있는 중추신경 기관이다. 뇌는 기억하고, 생각하고, 결정하고, 말하는 등의 일을 한다. 뇌는 고등 정신 활동의 중추인 대뇌, 항상성에 관여하는 간뇌, 몸의 균형 유지를 담당하는 소뇌, 심장박동과 호흡 등의 생명유지를 하는 연수, 자극과 명령의 통로인 척수로 구성된다. 1.4킬로그램의 작은 뇌는 마음을 만들어내는 큰 우주다. 사람이 사람답게 발전하고 사회화되는 것은 두뇌 덕분이다.

인간의 두뇌 발달은 아버지의 정자가 어머니의 난자에 진입하는 순간, 엄청난 혼란과 우연 속에서 시작된다. 남녀에게 성(sex)은 관계를 통한 쾌락만이 아닌 한 생명의 위대한 창조 작업인 것이다.

인간의 창조, 두뇌의 생성은 커다란 우연 요소가 게재돼 있다. 수 조개에 이르는 인간 세포는 각각 유전정보를 간직한 DNA가 이중나선으로 꼬여 있다. 유전자 구성 물질은 DNA와 RNA다. 유전정보를 저장, 물려주는 DNA는 단백질을 합성한다. DNA의 유전정보는 mRNA(전령RNA)로 옮겨지고, mRNA가 아미노산을 운반하는 tRNA(운반RNA)와 상호 작용한다. 유전 암호에 따라 아미노산들이 특정한 순서로 연결돼 세포질의 리보솜에서 단백질이 합성된다. 리보솜은 RNA와 단백질로 구성된 거대한 복합체인 단백질 생산 공장이다.

만약 유전정보 전달 과정에서 RNA가 유전자 발현을 방해하면 생명현상 유지에 필수인 단백질이 제대로 합성되지 못한다. DNA 유전정보를 단백질 합성정보로 전달할 때는 전령RNA가 관여한다. 그런데 RNA가 이를 방해하거나 파괴해 유전정보의 발현을 막는 현상이 일어날 수도 있다. 따라서 단백질의 조합인 유전자는 무작위적인 요소가 크다. 아이의 탄생은 큰 우연 요소가 게재된다. 그렇기에 태교적 가치는 생명의 탄생부터 유전자 질서를 바로 하는 인간의 위대한 창조 작업으로 생각할 수 있다.

인간에게 뇌가 없으면 어떻게 될까. 무뇌아는 1만 명중 1명꼴로 태어난다. 엄마의 뱃속에서 뇌가 발달하지 않은 것이다. 뇌와 척수를 연결하는 뇌줄기만 있는 무뇌아는 호흡이나 원시적인 반사운동 정도만 가능하다. 뇌가 없으면 감각적으로 느끼지 못한다. 결국 얼마 후 죽게 된다.

뇌가 없는 생명체는 식물이다. 식물은 뇌가 없어도 물과 영양분을 몸 구석구석에 잘 전달한다. 순환계 발달 덕분에 생명을 유지할 수 있다. 그러나 신경계 발달이 안 된다. 뇌가 있는 동물같이 움직일 수는 없고, 마음을 만들 수도 없다. 인간의 뇌는 정해진 대로만 반응하는 반사에 머물지 않는다. 과거의 경험을 기억하고, 감정과 마음을 느낀다. 또 미래를 예측하는 신피질이 더해져 있다.

뇌의 가장 안쪽에 있는 뇌줄기는 숨뇌, 다리뇌 ,중간뇌로 이루어져 있다. 다리뇌는 뇌와 소뇌를 연결한다. 뇌줄기 위에 사이뇌인 간뇌가 있다. 간뇌는 감각신호가 모이는 시상과 신진대사와 식욕을 조절하는 시상하부로 나뉜다. 시상을 둘러싸고 있는 길쭉한 구조물인 해마는 기억을 담당하고, 앞쪽에 위치한 편도체는 공포와 분노 감정을 관장한다. 해마의 바깥에는 뇌실과 대뇌가 있다. 대뇌는 안쪽의 백색질과 이를 덮는 회색의 대뇌 겉질로 구성된다. 대뇌의 좌우 반구는 뇌량을 통해 정보를 교환한다.

두뇌에는 신경세포가 무려 1000억여 개에 이른다. 둥근 세포에서 축색돌기와 수상돌기가 자라난 뉴런이 가득하다. 각 신경세포는 하나의 축색돌기와 10만여 개의 수상돌기를 갖는다. 수상돌기는 뉴런이 다른 뉴런으로부터 정보를 얻는 통로이고, 축색돌기는 정보를 다른 뉴런에게 전달하는 주요 길목이다.

하나의 뉴런과 수천 개의 이웃 뉴런은 뿌리와 줄기, 즉 축색돌기와 수상돌기를 온갖 방향으로 계속 연결을 바꾼다. 이리저리 얽힌 연결은 약 100조 개에 이른다. 이 연결이 몸의 행동을 이끈다. 생각과 행동은 이러한 패턴을 다시 바꾼다.

대뇌 피질에는 신경세포가 6층으로 구성되어 있다. 가장 바깥은 신경섬유(축색)층이고, 2~6층은 기능과 형태가 비슷한 신경세포가 모여 있다. 이것이 기억이나 인식 등의 복잡한 정보처리를 통해서 마음을 만든다.

뇌는 가장 안쪽에서부터 파충류 뇌, 포유류 뇌, 진화의 최고봉인 이성의 뇌로 나뉜다. 서로 연결된 세 개의 뇌는 각각 특별한 기능을 한다. 세 개의 뇌는 협동 작업으로 긍정 감정을 일으키는 화학물질을 분비한다. 인간의 바람직한 특성들을 이끌어낸다.

부모의 양육은 아이의 세 부분 뇌를 자극한다. 아이의 감정 상태에 장기적인 영향을 준다. 가장 안쪽의 파충류 뇌는 생존에 필요한 심장박동, 체온조절, 호흡조절 기능을 통제한다. 신경통로는 이미 태어날 때부터 연결되어 있다. 포유류는 감정뇌, 하위뇌 또는 대뇌 변연계로 유발되는 강렬한 감정을 이성의 뇌로 다스린다. 이성의 뇌는 전두엽, 상위 뇌다. 가장 진화한 부분으로 전체 뇌의 약 85퍼센트를 차지한다. 부모의 역할이 가장 분명하게 긍정적인 영향을 미치는 부분이다.

아이의 두뇌에서 약하게 연결된 부분은 소멸되기도 한다. 유년 시절에 받는 환경 정보가 성인기의 두뇌 배선에 매우 파괴적인 결과를 가져올 수 있다. 부모의 양육방식은 생후 처음 몇 년 동안의 아기 감정 뇌 발달에 많은 영향을 준다. 이 무렵이 뇌가 크게 성장하는 시기다.

태아 뇌의 진화 조건

인간은 무한 용량의 축복받은 두뇌를 받았다. 인간의 뇌세포는 1백억 개가 넘는다. 두뇌의 신경세포가 다른 신경세포와 이어지는 접점이 시냅스다. 신경세포는 1천 개에서 1십만 개의 시냅스를 갖고 있다. 인간의 두뇌 시냅스는 대략 100억×1,000~100,000개나 된다. 단순 계산해도 최소 10조 개나 된다.

이 같은 축복 여건 속에 인간은 계속된 자극으로 두뇌를 발달시켰다. 자극과 변화, 그리고 차이를 느끼며 최적화된 두뇌로 진화시켜왔다. 두뇌의 변화와 진화 시작은 태어나면서부터다. 1백억 개에 이르는 뇌세포는 재생되지 않는다. 아기일 때 가장 많고 나이 들수록 줄어든다. 이는 유아 때의 두뇌 자극의 중요성을 시사한다. 인간의 두뇌발달 촉매 요소 중 하나가 상호작용이다.

사회학자나 생물학자들은 인간의 뇌가 다른 동물과 차별화된 특별한 진화를 집단 속 생존 가능성을 높이기 위한 사회적 상호작용과 협력으로도 풀이한다. 복잡한 상황에 대응하기 위해 인간이 두뇌를 크게 발달시켰다는 분석이다. 아일랜드 더블린 트리니티대의 루크 맥넬리는 "호모사피엔스가 인류의 조상인 다른 원인(原人)에 비해 사회적 상호작용을 활발히 했다"며 지구촌의 승자가 된 배경을 설명했다.

가장 강력한 상호작용은 사랑이다. 감사하는 마음이다. 믿고 존경하는 관계가 상호작용을 가능하게 한다. 생리학적으로도 사랑 받으면, 감사 마음을 가지면 대뇌피질이 발달한다. 뉴런과 뉴런의 결합인 시냅스의 형성이 왕성하여 뇌 기능이 한층 활발해진다.

사랑받은 아기의 두뇌는 관심 밖이거나 비난 받은 뇌보다 훨씬 더 풍요롭다. 대처능력과 순발력, 문제해결력과 창의력이 풍부하다. 사랑 받은 뇌는 유연성과 부드러움으로 표현된다. 사랑 받은 태아는 출생 후 잘 웃고, 적극적 자기표현 방법인 옹알이도 잘하는 편이다.

산후조리원에서 한 아기가 심하게 보챘다. 지나치게 칭얼대는 아기를 간호사가 달래줘도 변화가 없었다. 이때 아기 엄마가 눈물을 흘리며 말했다. "미안해, 아가야. 엄마가 그때는 너무 힘들어 짜증을 많이 냈어. 너를 생각해 주지 못했어." 엄마의 직업은 초등학생을 가르치는 학원 강사였다. 엄마는 천방지축인 꼬마들과 하루하루 전쟁 같은 기분으로 일을 했었다. 아이들과 자신에게 화를 내고 짜증을 부리는 일이 자주 있었다.

엄마의 사랑 깊이와 질은 아기의 시냅스 연결망에 각인된다. 부모와 태아의 유대감 형성에 영향을 미친다. 엄마가 태아에게 쏟는 사랑은 출생 후 평생의 관계에도 일정 영향 가능성을 점칠 수 있다.

태교의 핵심은 공감이다. 미처 마음이나 물질적 준비 없이 부모가 되는 경우가 있다. 외로운 태아나 유아는 발달과정에서 한결 더 많은 사랑과 관심이 필요하다. 그렇지 않으면 사회에 매끄러운 적응이 쉽지 않을 수도 있다.

태아는 부모의 따뜻한 감정과 겉치레 사랑, 일시적 사랑을 정확히 구분하고 느낀다. 이 같은 환경요소는 유전자와 함께 수정 순간부터 죽을 때까지 상호작용하며 두뇌를 변화시킨다.

두뇌 발달은 상당 부분은 태아 또는 아기일 때 결정된다. 두뇌 발달 요인은 부유함, 수용, 영양, 운동 등 다양하다. 그중에서 가장 핵심은 무조건적인 사랑이다. 역설적으로 삶이 피곤한 부모일수록 허물이나 부족 등의 부정적인 생각을 버리고 따뜻한 사랑을 베풀 필요가 있다. 가난해도 정이 오가는 밥상머리 대화, 감사의 마음을 전하면 훌륭한 양육이라고 할 수 있다.

사랑을 듬뿍 받으며 자란 뇌는 다시 자식에게 사랑을 되돌려준다. 행복 자산의 대물림이다. 현실적으로 태교에 많이 참여한 아버지가 가정적일 확률이 높다.

태교 강사들은 강조하는 게 있다. "태명을 적어도 하루에 열 번 이상 부르세요. 열 번 이상 사랑의 파동을 보내세요." 총명한 아이를 낳는 비결은 부부의 사랑언어 생활화다. 태아가 항상 엄마 아빠와 함께 함을 이야기하는 것이다. 특히 피해야 할 게 있다. 부부 싸움이다. 싸워야 한다면 가장 짧게 끝내야 한다.

태아의 뇌 성장 보고서

아기의 뇌 구조는 엄마 뱃속에서 만들어진다. 1천억 개의 뇌세포도 형성된다. 뱃속에서 구조화된 뇌는 시냅스의 형성과 신경 회로 발달로 완벽하게 기능한다. 따라서 태내에서부터 3세 무렵까지의 감각적 자극은 뇌기능 활성화에서 결정적 역할을 한다. 뇌는 태아기부터 3세까지가 급성장기다. 뇌의 무게는 갓 태어난 신생아가 약 400그램, 1세 약 900그램, 3세 약 1000~1200그램이다. 성인의 뇌(1.4킬로그램)의 80~90퍼센트 정도가 태아에서부터 3세까지 완성된다.

남자의 정자와 여자의 난자가 수정되면 세포분열, 증식이 계속된다. 외배엽, 중배엽, 내배엽인 삼배엽 배아의 신경계가 형성된다. 수정 3주에 2밀리미터 정도의 신경관이 생긴다. 수정 후 3주에서 4주 사이에 신경관이 닫히고 중추신경계(뇌)가 형성되기 시작한다. 5주일에는 몸길이가 1센티미터로 큰다. 이 무렵부터 특정적인 대뇌인 전뇌, 중뇌, 후뇌로 발달된다. 전뇌는 간뇌와 대뇌피질, 후뇌는 소뇌, 교, 척수를 만든다.

간뇌는 시상과 시상하부를 형성한다. 날이 갈수록 커지는 태아는 한정된 자궁에서 뇌를 집중적으로 발달시킨다. 수정 28주면 뇌가 이전 보다 훨씬 커지고 조직 수도 증가한다. 뇌의 주름과 홈이 형성돼 뇌세포와 신경순환계가 완벽하게 활동한다. 가장 먼저 형성된 뇌는 전체 신체의 70퍼센트 정도를 차지한다. 이 뇌는 다른 인체의 성장과 발달을 이끌게 된다.

태아의 뇌는 신경그물망으로 구성되어 있다. 신경세포인 뉴런은 서로 신호를 보내며 신경계 내에서의 의사소통을 한다. 신경그물망을 이루는 신경세포와 다른 신경세포의 결합부가 시냅스다. 시냅스는 수정 1주 무렵에 형성돼 15주부터는 다량 증가한다.

뉴런의 축색과 수상돌기 같은 신경섬유에서는 전기신호가 흐른다. 이에 비해 시냅스에서는 화학적 변화의 매개로 신호전달이 이루어진다. 인간의 뇌는 수천억 개의 뉴런, 그리고 뉴런과 뉴런의 결합인 수백 조 개의 시냅스 연결로 이루어져 있다. 시냅스의 밀도는 영아 때 더욱 증가한다. 생후 1~2년에 성인 시냅스의 1.5배까지 도달했다가 2~16세에는 감소되기 시작한다. 뉴런은 두뇌 작동을 효율적으로 수행한다. 이를 위해 인체는 사용되지 않거나 임무에 맞지 않는 뉴런을 자연도태 시킨다. 사용되지 않는 뉴런은 소멸되는 반면 일하는 세포는 더 강해져 상호간의 연결을 계속 원활하게 한다.

임신 후기에는 상당수 세포가 죽는다. 이때 뇌에서 거의 절반의 뉴런이 사라진다. 두뇌의 부양세포와 분자에게 잡아먹히거나 식균이 되어 약 2천억 개의 뉴런 중 1천 억 개가 감소된다. 이러한 세포의 죽음은 자연적인 현상이다. 이때 임산부가 몸과 마음 관리를 잘하면 뉴런의 감소를 줄일 수는 있다. 생존 뉴런들은 시냅스를 가로 질러 매우 빠른 속도로 정보를 전달한다. 뇌의 진정한 가치는 시냅스 형성에 달려있다. 이때 다양한 경험을 제공하면 뉴런의 시냅스는 새로운 가지를 치고 연결을 더 강화할 수 있다.

뉴런들 사이의 신경망은 유전적으로 설계되지 않는다. 환경의 지배를 받는다. 현재와 과거에 걸친 여러 경험 활동이 어우러진 합작품이다. 태아는 자궁 안에서 자란다. 어머니의 영향을 전적으로 받는다. 환경적 측면에서 태교가 중요한 이유다. 임신이나 수유기에는 음식도 아기에게 영향을 미친다.

미국 콜로라도대 의대 조세핀 토드랭크 박사는 "태아는 엄마의 자궁 속에 있는 것은 무엇이든 다 좋은 것이라고 간주한다. 엄마가 안전하고 좋은 음식을 먹는 것이 중요하다"고 말했다. 임산부의 섭생을 태어난 아기도 답습할 가능성을 이야기한 것이다.

같은 대학의 디에고 레스트레포 박사도 "질병은 특정 종류의 음식과 연관 있다. 음식 선택과 섭취 결정 초기 요인을 파악하면 아기는 물론 어린이, 어른에 이르기까지 건강한 삶을 지킬 수 있는 식습관 설계를 할 수 있다"고 설명했다.

의학자들은 평온한 태내 환경을 강조한 것이다. 엄마가 영향을 준 태내 환경이 생후에도 아이의 뇌, 감성과 지성 발달과 연계될 수 있음을 시사한 셈이다.

AI시대와 태아의 뇌

4차 산업혁명시대는 태아의 뇌 발달에도 큰 변화가 예상된다. 이미 시작된 4차 산업혁명은 인공지능(AI), 사물인터넷(IoT), 빅데이터, 생명공학, 로봇공학, IT 등의 융합으로 인간의 기계화도 더 가속화 시킨다. 조만간에 의사 대신 AI 로봇이 질병을 진단하고, 장애인이 로봇 다리, 팔, 손 등을 접목해 정상인처럼 활동하는 인간의 사이보그화도 점쳐지고 있다.

이는 현대 사회의 기계화(mechanization) 보다 더 큰 자극을 태아의 뇌에 줄 수밖에 없다. 인간의 마음은 기계적 구조화에 익숙하지 않다. 그러나 사회가 발전할수록, 인간의 몸은 편안한 기계와 교감하게 된다. 자연과 더불어 살던 인간도 기계적 구조의 일부처럼 되어간다.

인간의 몸은 자연과 합일할 때가 편안하다. 그러나 기계 구조적 시스템은 자연과 교감 기회를 줄인다. 기계적 시스템에서는 인간의 사고가 논리적이고, 패턴화 된다. 이는 강박과 자폐성향 증가의 역기능을 부른다. 유전자의 적응력, 뇌기능 장애로 알려진 ADHD(주의력 결핍 과잉행동장애증), 자폐증, 불안장애아들이 늘어나는 이유 중 하나다. 사회의 기계화 속도에 따라 이 같은 현상은 심화될 전망이다. 일부 학자는 2050년에는 20명당 1명의 자폐아가 발생할 것으로 조심스럽게 예측한다.

태아와 영유아는 접촉의 공감을 통해 부모와 관계를 형성한다. 신생아 애착 출산법이 본딩(Bonding)이다. 출산 후 한 시간 동안 맨살로 신생아의 배꼽부터 가슴까지 엄마의 배에 밀착시키고 젖을 물게 하는 것이다. 애착관계를 형성하는 이 방법은 스트레스 호르몬인 코르티솔 농도를 줄이고, 사랑의 호르몬인 옥시토신을 증가시키고, 면역력을 높인다. 패혈증 발생 위험을 40퍼센트 정도 줄인다. 이는 본딩이 신생아의 특수감각섬유를 자극한 결과다.

그러나 기계적 삶은 자연스럽게 형성된 부모와의 본딩이 상실된 결과가 일어날 수도 있다. 이 경우 마사지 숍, 기계 등을 이용하여 접촉 상실을 보상받으려는 움직임이 나타난다.

엄마의 혈액 속 환경호르몬은 아기의 대사기능에 혼란을 야기하고 기형과 질병을 유발한다. 환경뿐 아니라 정신도 기계적인 사고방식으로 인해 생명력이 떨어진다. 인간의 기계화는 유전자 변이가 되어 난임과 고위험 임신을 발생시킨다. 인간의 몸은 자연에 익숙하다. 요즘과 같은 기계와 익숙해지는 구조는 태교 차원에서는 부정적 요소다. 태교는 자연적이고 생물학적인 것이다. 태교는 아이의 두뇌 발달에 결정적이라는 연구도 있다. 1997년 피츠버그대 연구진에 따르면 태아의 지능지수는 유전자 48퍼센트, 태내 환경 52퍼센트에 영향 받는다. 엄마의 혈액 속 물질은 태아 뉴런의 기능을 수행 하는데 많은 영향을 준다. 이 물질들은 유전자를 자극해 두뇌발달에 기여한다.

두뇌에서 유익하지 않은 특정물질이 특정 시기에 뉴런을 잘못된 길에 들어서게 만들 수 있다. 또 이동 과정을 중단시키고 혼란을 일으킬 수 있다. 이 경우 두뇌발달 장애가 나타난다. 알코올, 니코틴, 약물, 독극물,

풍진 같은 병의 감염이나 엽산 등의 특정 영양소 부족은 뉴런의 이동을 어렵게 한다.

● **흡연** 니코틴은 혈관의 수축을 일으킨다. 자궁과 태반에서 혈액의 흐름을 줄인다. 이로 인해 태아의 심장박동과 호흡운동이 줄고, 일산화탄소에 노출되게 된다. 이는 조산과 저체중 아기 출산 위험성을 높인다. 몇 연구에 의하면 흡연 임산부는 담배를 피우지 않는 여성에 비해 유산율 1.7배, 조산 위험성 2.3배 높다. 임신기에 흡연한 산모가 낳은 자녀는 지적 장애아 확률이 50퍼센트가 더 높고, 주의력결핍장애도 3배나 늘어난다. 니코틴은 뉴런의 자연스러운 이동, 뉴런 간의 연결, 태아 발달 과정의 적절한 가지치기를 방해한다. 또 도파민 시스템의 기능도 저하시킨다. 도파민이 두뇌발달에 기여하지 못하게 하는 것이다.

● **알코올** 임신 중 태아가 알코올 영향을 받으면 두뇌의 세포 이동 장애가 일어난다. 이동하는 뉴런이 방향을 제대로 찾지 못하고 죽기도 한다. 그 결과 주기적으로 술을 마시는 엄마에게서 태어난 아기의 두뇌는 작고 기형이며, 뉴런의 밀도도 낮다. 태아 알코올 증후군(Fetal Alcohol Syndrome, FAS) 아기는 유년기에 지능지수가 낮게 나타난다. 청소년기와 성인기에서는 어려운 읽기와 수학을 잘하지 못하고, 부적응 행동, 과잉 행동, 우울증도 보인다.

두뇌발달을 방해하는 독극물과 알코올의 가장 큰 영향력은 임신 초기 6주경이다. 이때는 임부는 임신 사실을 알게 되는 시기다. 따라서 생명 초대 계획을 잘 세워야 하다.

● **영양불균형** 임산부에게 철, 비타민B, 엽산, 필수지방산 같은 특정 영양소가 부족하면 태아의 두뇌 발달이 지체된다. 필수영양소가 제공되지

못하면 뉴런의 형성이 중단돼 두뇌가 작다. 뉴런 생산이 적고, 뉴런 제거나 조정도 덜 이루어져 인지 발달이 떨어진다. 이런 과정이 저체중아 출산을 만든다.

영양 과잉섭취도 조심해야 한다. 비타민A와 D를 과잉 섭취하면 두뇌 신경화학작용이 방해받을 수 있다. 비티민A를 지나치게 섭취하면 태아가 장애를 갖고 태어날 수도 있다. 특히 비타민A인 레티놀과 지방산의 결합인 레티닐 에스테르 과다 섭취는 피해야 한다.

● **독극물** 임신 동안 납, 살충제, 마취, 항생제는 피해야 한다. 의사의 처방약도 안심할 수 없다. 다량의 비타민A를 포함한 여드름 연고도 태아의 두뇌에 독성물질로 작용할 수 있다. 농약으로 오염된 식재료, 각종 화학첨가물이 들어간 가공식품, 환경호르몬도 뇌는 물론 인체의 여러 기관의 손상을 유발한다.

미국 미시간주 호수의 환경호르몬에 노출된 물고기를 먹은 임산부에게서 태어난 아기 21명을 그렇지 않은 그룹과 비교했다. 11살 아이의 IQ와 성취도를 검사한 결과 환경호르몬에 노출된 아이들의 지능지수가 가장 낮았고, 기억력, 주의집중 능력에도 영향을 받았다.

태아의 원활한 뇌 발달을 위해서는 환경요소를 점검해야 한다. 혁명적 두뇌 발달을 기대하려면 구조적 시스템의 생활 태도, 습관, 섭생을 확인하고, 관리하는 게 바람직하다. 인간과 기계가 공존해야 하는 인공지능 시대에는 쾌적한 태아의 뇌 발달 환경 조성을 위해 더 많은 신경을 써야 하다.

시냅스 변화와 마음

엄마의 감정이 태아에게 영향을 미칠까. 태교를 믿는 사람과 많은 학자는 엄마와 태아의 관계성에 주목한다. 일부 연관성을 부정하는 학자도 있지만 전반적으로 엄마 감정이 태아에 전달되는 개연성을 염두에 두고 있다.

영국의 유력 일간지 가디언지 2015년 8월 21일자에는 눈길을 끄는 기사가 실려 있다. 홀로코스트에서 생존한 사람의 외상 후 스트레스가 자녀에게 생물학적으로 전달된 내용이다.

연구를 이끈 레이철 예후다(Rachel Yehuda) 뉴욕 마운트시나이 의대 정신의학과 교수는 정신적 외상이 유전자가 기능하는 방식에 변화를 일으켜 자녀에게 대물림되는 것으로 보았다. 이는 엄마의 지속적인 감정이 태아에게 인식돼 사전 프로그램화 하는 것으로 유추할 수 있다. 실제로 많은 연구에서 태아는 듣고, 이해하고, 느끼는 존재라는 게 입증되고 있다.

뇌는 한 생명체의 몸과 마음을 조정하는 사령탑이다. 태아는 자궁에서 엄마의 여러 자극에 반응한다. 즐겁고, 불안하고, 불쾌한 느낌을 가질 수 있다. 자궁에서 태아의 뇌 발달은 미래 아이의 인성에도 영향을 미칠 가능성이 있는 것이다. 자궁에서 뇌 발달에 문제가 생기면 충동억제 뇌기능이 약해진다. 이로 인해 청소년 폭력 범죄로 이어질 수 있다는 주장도 있다.

태아심리학자인 데이비드 챔벌레인 박사가 수년간 연구를 통해서 사람의 인성이 자궁 속에서부터 기인함을 주장했다. 뇌가 자궁에서 제대로 발달하지 못하고 손상을 입으면 사회 부적응 가능성을 시사한 것이다.

인간은 외부세계와 시각, 청각, 미각 등으로 소통한다. 감각의 반복된 자극이 시냅스에 강한 연결을 유발한다. 뇌에서 느끼고, 이성으로 판단한다. 만약 머리에 외부 자극을 받았다면, 두상 윗부분인 두정엽에서 감각을 느낀다. 그 느낌은 뇌 아래쪽 대뇌변연계에서 감정을 만들고, 다시 머리 앞 전두엽으로 간 신호는 불쾌감을 느끼게 된다. 전전두엽에서 이 불쾌감을 참을 것인지, 분노할 것인지 이성적인 결정을 한다. 이 같은 신호전달 체계에 이상이 생겼을 경우, 뇌 체계는 문제를 일으킨다.

뇌나 마음은 기분이 좋을 때 잘 발달한다. 태아 뇌 발달에 가장 큰 악영향은 엄마가 받는 스트레스다. 엄마의 마음 상처는 스트레스 호르몬 분비를 촉진시켜 뇌 발달의 불균형을 일으킨다. 스트레스 호르몬은 태반을 통해 태아에게 그대로 전달된다. 태아의 성장저해와 뇌 위축과 같은 치명적인 결과를 낳는다. 뇌의 구조와 기능 발달에 악영향을 미친다.

임신 중 스트레스가 태아의 향후 성격형성과 집중력 장애, 우울증과 연관을 밝히는 연구도 적잖다. 엄마의 스트레스가 태아에게 미치는 영향은 출생 후 잘 먹지 않고, 자주 울고, 짜증을 내고, 설사하는 형태로 나타나기 쉽다. 이런 아이는 시상하부와 자율신경계에 스트레스로 인한 작은 결함이 있을 수 있다. 주로 밤에 보채고, 깊이 잠들지 못하게 된다.

인체의 시상하부와 자율신경계는 의식하지 않아도 여러 기관을 부드럽게, 효과적으로 작용시키는 역할을 한다. 예를 들어서 뛰거나 중노동을 하면 자동적으로 호흡수를 조절한다. 추운 곳에 있다가 따듯한 방안으로 들어오면 체온 조절하고, 소화기관과 배설작용까지도 조정한다. 그렇기 때문에 자율신경계나 시상하부에 어떠한 이유로든 기능부전에 빠지면 위장장애나 설사 등이 생긴다.

출생 직후에 나타나는 위장장애, 진단이 불가능한 증례의 대부분은 태아기에 입은 시상하부나 자율신경의 장애에 기인한 것으로 볼 수 있다. 또한 자율신경계의 이상 때도 자주 일어나는 문제다. 자율신경이 지나치게 민감한 아이는 긴장하기 쉽고 안절부절 한다. 침착성이 없고 자주 돌아다니는 버릇이 있다. 이런 아이는 이미 태내에 있었을 때부터 행동이 활발하고 보통의 태아보다 훨씬 난폭하다. 태내에서 많이 뛰놀아 체중이 표준보다 약간 적은 예를 흔히 볼 수 있다. 이렇게 자궁에서의 삶의 질에 따라 지능과 건강, 성격까지 평생 삶의 질이 결정된다는 것이다.

태교신기에서도 뱃속의 자식과 엄마는 혈맥이 붙은 것으로 보았다. 그렇기 때문에 엄마가 기쁨이나 성냄이 자식의 성품이 되고, 자식의 성품은 하늘을 근본 삼아 이루어지고, 기질은 부모의 생각과 행동의 작품이라고 했다.

이탈리아 화가 레오나르도 다빈치는 "같은 혼(魂)이 두 개의 육체를 지배한다"고 표현했다. 엄마가 품은 의지, 희망, 공포, 정신적 고통, 말까지 엄마 자신보다도 태아에게 많은 영향을 미치게 된다. 태아 심리학에 따르면 태아는 수정되는 순간부터 의식이 생기고, 자궁 내 환경 기억을 갖고, 오감이 발달하여 아픔을 느끼고, 마음상처를 받기도 한다.

마음상처 받은 태아는 대뇌피질과 대뇌변연계가 보통 아이들보다 덜 발달해 작다. 신경세포끼리 연결하는 시냅스가 적다. 기억을 담당하는 해마도 적다. 태아는 기억하고 학습하는 존재다. 태아는 엄마의 감정을 재빠르게 눈치채 기쁨과 슬픔, 두려움, 분노 등을 느끼기도 한다.

엘버트 아인슈타인 의과대학의 도미니크 퍼플러 교수는 태아에게 의식이 싹트는 시기를 7개월에서 8개월 사이로 보았다. 특히 이 무렵에 엄마가 주는 메시지는 태아의 뇌에서 받아들여지고, 신경회로를 통하여 몸의 각 부위로 전달되게 된다.

태아는 자궁에서 많은 메시지를 받는다. 엄마의 사고나 감정을 재빨리 알아차리고 이해한다. 엄마가 하는 말은 태아의 기억세포에 저장된다. 또한 누구의 말인지도 느끼고 있다. 그러므로 언어를 빌려서 삶의 이야기가 들어 있는 생명의 소리를 들려주어야 한다. 태아의 존재를 하나의 인격체로 인식하고 교감하며 유대감 형성을 해야 한다. 임산부 스스로의 스트레스 관리는 물론이고 가족과 주위에서 각별한 관심을 가져야 한다.

감각자극과
태아의 언어, 지능 지수

태아의 뇌에서는 뇌세포간의 연결인 시냅스 생성이 활발하게 이루어진다. 어머니로부터 다양한 감각 자극을 받은 태아는 10주에 촉각 전달 신경이 피부에 나타난다. 4개월에는 감각 자극을 뇌 피질에 저장한다. 만일, 엄마가 냉수를 마시면 찬물을 싫어하는 태아는 임산부의 배를 차며 불쾌감을 표시할 수도 있다.

태아는 미식가다. 엄마의 양수를 통해서 맛과 냄새를 느끼고, 기억한다. 미각 기관인 미뢰가 7주에 나타난다. 엄마를 통해 13주면 미각이 완성되고, 35주에는 선호하는 맛도 생긴다. 엄마가 음식을 기분 좋게 먹으면 태아는 만족감을 느낀다. 이는 아이 성격 형성에도 영향을 준다. 아이의 식습관과 뇌 발달을 위해서는 임산부가 밥 채소 육류가 고루 든 식사를 하는 것이 좋다.

태아는 어두운 자궁 안에 있다. 사물을 보기 어렵기에 시력 발달은 다른 감각보다 늦다. 태아는 16주에야 빛에 민감하게 반응한다. 임산부의 배를 통해 강한 빛의 파장이 양수에 전달되면 태아는 얼굴을 외면하거나 놀라는 반응도 보인다. 12주에는 귀의 형태가 완성되고, 16주에는 들을 수 있다. 임산부의 뱃속과 자궁은 아주 시끄러운 장소다. 엄마가 말할 때 자궁의 소음 수준은 36~96데시빌 정도다. 속삭이는 소리는 30데시빌, 평소 대화하는 소리는 60데시빌, 시끄러운 소리, 기차소리는 110데시빌 정도다.

태아는 90데시빌 이상 소음에는 불안해한다. 시끄러운 소리에 장기간 노출되면 청각세포 손상이나 불안으로 저체중이나 조산 위험도 있다. 24주가 지난 태아는 시종일관 귀를 기울이며 엄마의 위장 소리, 자궁 혈행 소리, 심박동 소리, 엄마의 목소리, 아빠의 목소리 등을 듣는다. 태아는 엄마의 율동적이고 규칙적인 심장박동에 안도감을 갖는다.

그렇기에 예부터 임산부는 좋은 소리만 듣고, 시끄럽고 어수선한 소리는 귀담아 두지 말라고 했다. 태교신기에서 사주당 이씨는 조용한 시 낭송, 경서 읽는 소리를 듣거나 거문고나 비파음을 감상하라고 했다. 이는 음악, 독서, 태담을 통한 태아에게 감각자극을 주는 것이다.

음악은 태아에게 긍정과 사랑의 마음을 느끼게 한다. 또 음악 자극은 태아가 발로 차고, 손과 몸통을 움직이는 행동자극을 일으켜 운동기술을 습득하게도 해 준다. 임신 초기에는 엄마의 마음이 평온해지는 음악을 듣고, 임신 중기에는 아름다운 음악을 듣는 게 좋다. 임신 후기에는 태아가 다양한 자극을 받아 뇌 기능의 복잡도가 증가되도록 강한 음악을 듣는 게 바람직하다.

청력학자인 미셜 크레멘츠 박사에 따르면 태아는 음악 선호도가 뚜렷하다. 좋아하는 음악과 싫어하는 음악을 구별한다. 실험에 의하면 비발디, 모차르트 같이 가볍고 밝은 느낌의 음악을 임산부에게 들려주니 태아의 심장 고동은 안정적이고 발차기 횟수도 줄어들었다. 반대로 베토벤, 브람스, 록 음악과 같이 강한 리듬을 들려주면 태아의 움직임이 격렬

해졌다.

태교 음악은 임산부가 편안한 음악이면 된다. 엄마가 좋아한 음악에 노출된 태아는 태어난 후 정서가 안정되고 집중력이 좋고, 언어도 빨리 습득하는 경향이 있다.

상담 때 만난 아기엄마의 이야기다. 그녀는 임신 때 태교음악으로 동요를 많이 들었다. 또 '섬 집 아이' 노래를 자주 불렀다. 태어난 아기가 보채면 섬 집 아이 노래를 들려주었다. 그러면 아이는 보채지 않고 편안해 했다. 아기는 말문이 트이면서 섬 집 아이 노래를 조금씩 부르기 시작했다.

1990년대 비트리즈 만리케 박사는 7년 동안 임산부 684명을 대상으로 태아 뇌 자극 프로그램을 진행하고 관찰했다. 태교를 실시한 그룹과 하지 않은 그룹으로 나누어 생후 6년까지 추적 관찰했다. 임신 기간에 주당 2시간씩 모두 13주 동안 태아에게 노래를 불러주고, 이야기하고 음악을 들려주는 태교를 실시했다.

아기가 태어난 직후, 한 달 후, 18개월 후, 3년, 4년, 5년, 6년 후에 아기발달을 측정했다. 태교를 받은 그룹군은 그렇지 않은 대조군보다 청력, 시력, 언어능력, 운동능력, 기억력 등이 크게 향상된 것으로 나타났다. 태아는 8~9개월에 대뇌 피질이 빠르게 발달한다. 생각하고, 느끼고, 기억하는 능력이 생긴다. 이 기간에 자궁에서 풍부한 자극을 받은 태아는 감각을 통해서 건강한 자아와 몸을 갖게 되는 것으로 생각할 수 있다.

임산부는 모두 건강하고 똑똑한 아이를 바란다. 그러나 희망과 상상만으로는 바람이 이루어지기는 어렵다. 희망을 실현하는 태교 등 노력을 해야 하다. 상상과 희망은 지속성과 규칙성 있는 노력으로 빛을 본다. 규칙적인 태담과 상담을 통해 실제적인 사실에 근거한 스토리를 태아에게 전달하는 것이 생명력 있는 태교다. 태교음악은 산모의 성품에 따른 음악이 좋다. 태동에 도움되고 신체 밸런스에 맞는 운동은 건강유지와 정서 안정에도 도움된다.

아이에게 최고의 선물은
행복한 부부관계

아이의 정서는 엄마가 사랑받을 때 최적이 된다. 부부관계가 원활하면 아이의 정서는 절로 안정된다. 뇌파가 평온한 아이는 긍정적 성격에 학습력이 높아진다. 불안감도 적다. 아이에게 최고의 선물은 부모의 행복한 관계인 것이다. 자궁 밖으로 나온 신생아는 외부환경에 적응해야 한다. 이때 정서 안정은 극히 중요하다. 내적으로 편안하고, 안정감을 느끼면 호기심과 경이로움으로 세상을 접할 가능성이 높아진다. 때로는 어렵고 고통스러운 환경을 접해도 극복하고 일어설 수 있는 회복탄력성도 갖게 된다.

뇌는 다양한 감정을 표현하는 신경전달물질 분비를 명령한다. 몸과 뇌에서 분비되는 신경전달물질은 기분을 좋게 하고, 삶을 풍요롭게 해준다. 사랑의 감정으로 유대감을 높이는 인생 최고의 명약인 호르몬은 옥시토신(oxytocin), 세로토닌(serotonin) 등이다.

옥시토신은 자궁수축 호르몬이다. 출산 때 분만을 쉽게 하고, 젖의 분비를 촉진한다. 또 친밀감을 높이는 사랑의 묘약이기도 하다. 엄마와 아기의 강한 정서적 유대감을 강화시키고, 여성에게 모성본능을 심어준다. 옥시토신 샤워는 자연출산과 모유수유를 쉽게 한다. 잦은 포옹은 엄마와 아이의 뇌에 최고의 명약인 옥시토신을 넘쳐흐르게 한다. 모두 편안하고 행복감을 느끼게 된다.

세로토닌은 모노아민 신경전달 물질의 하나다. 사람이 행복감을 느끼는 것은 체내 세로토닌 호르몬과 관련 있다. 세로토닌이 부족하면 불안감에 빠진다. 사람의 감정과 관련된 주요 신경은 도파민, 노르아드레날린, 세로토닌 등을 들 수 있다. 도파민 신경은 정열적 쾌락, 긍정 등과 연관있다. 노르아드레날린 신경은 부정이나 스트레스를 관장한다. 세로토닌 신경은 도파민과 노르아드레날린 신경을 적절하게 제어해 불안하지 않은 평온한 상태를 유지하게 한다.

인체의 최고 명약은 기쁨과 웃음을 주는 호르몬이다. 긍정 마음의 엔도르핀, 장과 뇌의 흐름에 중요한 역할을 하는 신호전달물질인 세로토닌은 편안하고 감사하는 마음으로 대할 때 분비된다. 모든 면에 감동받고, 수용하면서 깨달음을 얻으면 다이돌핀이 분비된다. 부부가 사랑하고, 로맨틱한 분위에 젖고, 긍정 생각을 하면 열정적 행복의 도파민이 분비된다.

그러나 아이의 욕구에 반응하지 않고, 장기간 방치하면 두려움과 분노를 느끼게 된다. 아기의 뇌에서 명약인 오피오이드와 옥시토신 분비가 차단된다. 반대로 코르티솔, 에피네프린, 노르에피네프린과 같은 스트레스 신경전달물질이 분비되어 두려움과 분노를 경험하게 된다. 코르티솔 분비가 많으면 생각과 감정이 위축된다. 매사에 적응을 어려워하고, 모든 일에 적대적이고 공격적일 가능성이 높아진다.

인체는 스트레스를 받으면 '코르티솔'이 분비된다. 이 호르몬은 스트레스를 이기기 위해 몸에 에너지를 공급하게 하는 신호를 전달한다. 이때 신경계의 교감신경 활동이 촉진되고, 아드레날린 등의 스테로이드 계열

호르몬도 함께 분비된다. 맥박과 호흡이 증가하고 근육이 긴장되고 정신적으로도 예민해지게 된다. 스트레스가 지속적이거나 만성적이면 지방축적과 근육단백질의 지나친 분해로 인해 면역기능이 뚝 떨어진다.

또 두뇌의 해마 조직이 파괴될 수 있다. 해마는 기억과 감성, 즉 학습력에 관계된 부위다. 해마에는 코르티솔을 알아보는 수용체가 많이 있다. 이곳의 세포가 죽으면 코르티솔이 더욱 분비돼 뇌세포가 거듭 파괴되는 악순환이 계속된다. 위기 가정의 자녀는 지속적으로 스트레스를 받게 된다. 두뇌의 해마가 손상될 수 있다. 반면 정서가 안정된 아이는 스트레스가 적다. 건강한 해마의 유지로 영재가 될 가능성도 높아진다.

아기에게 최고의 선물은 부부의 사랑이다. 태아 때부터, 태어난 후 2년 동안의 부부의 친밀도는 아기의 인성과 두뇌력과 연관 가능성이 크다. 따라서 부부의 사랑과 공감의 삶이 가장 효과적인 태교라고 할 수 있다.

음악 자극과 태아의 발달

음악은 뇌척수의 중추신경계와 자율신경계를 자극 시킨다. 소리의 일정한 진동이 에너지 장을 형성하여 세포, 조직, 기관에 미세한 영향을 미친다. 음악은 생리적, 심리적, 사회적 반응을 유발시킨다. 마음을 흔드는 대단한 위력이 있다.

자궁에 있는 태아는 엄마의 영양분으로 신체 구조를 갖추어 가는 가운데 뇌신경과 자율신경계도 발달된다. 태아는 경험하고 있는 자궁 세계, 앞으로 경험하게 될 미지의 자궁 밖 세계에 대해 본능적으로 불안을 느낄 수 있다. 태아는 4개월 무렵부터 오감발달과 뇌기능이 빠르게 발달된다. 수정 후 8~12주에 소리를 듣기 시작해 20주 무렵에는 자궁 밖에서 들리는 소리도 반응한다. 엄마 아빠 등의 주위 목소리에 반응한다.

따라서 한 몸인 엄마의 감정과 정서는 태아에게 큰 영향을 미칠 수 있다. 이 시기에는 엄마의 안정이 절대적으로 필요하다. 엄마가 평안함을 느끼고, 사랑받는 분위기면 태아는 안정감을 느끼게 된다. 엄마와 아빠가 태담을 하고, 좋은 음악을 들려주는 것은 태아에게 행복의 밑바탕을 그려주는 셈이다. 자연스럽게 태아의 자율신경계가 단련된다. 이 경우 태어날 때 트라우마가 적고, 세상에 나와서도 감수성, 창의성이 풍부할 가능성이 높아진다. 안정되고, 행복한 삶의 기본 조건을 갖추게 된다.

태아가 자궁에서 듣는 소리는 다양하다. 혈액 흐름, 장 움직임, 심박동, 엄마의 이야기 등이다. 태아는 자궁주변에서 들리는 소리 음파에 귀를 곤두세운다. 듣고, 기억세포에 저장한다. 시끄러운 소리나 음악에 장시간 노출되면 불안해하고, 심박동이 빨라진다.

산부인과 전문의인 이교원과 대체의학을 공부한 에모토 마사루는 공동 연구를 통해 '시끄러운 음악에 노출된 임산부 양수의 결정이 수없이 흐트러지고 어지럽다'고 주장했다. 또 소프라노 신영옥의 목소리로 브람스의 자장가를 들려주었을 때 양수의 결정체는 눈부시고 아름다웠다고 보고했다.

좋은 음악은 양수 속에 있는 태아에게 축복이 될 수 있다. 태아를 자극시켜 기억세포에 저장되고, 발로 차고 몸을 움직이는 운동 기술을 촉진시킨다. 사랑받고 있음을 느끼는 태아는 긍정 마음을 갖게 된다. 그렇기에 음악자극을 자주 받은 태아는 출생 후 안정감과 집중력이 좋고, 언어습득도 빠를 가능성이 있다. 언어습득력이 높을 가능성이 있다.

태교음악은 임산부의 마음이 편안해지는 것이면 된다. 엄마가 편안하고 안정된 태교 음악을 들으면 뇌파가 알파파 상태로 변한다. 이는 태아에게 긍정 영향으로 다가온다.

구체적으로 임신초기에는 엄마의 마음이 평온해지는 음악, 임신중기에는 아름다운 음악, 임신후기에는 진동이 강한 음악이 바람직하다. 단계별의 다양한 음악은 태아의 뇌에 전달돼 기억된다. 그러나 너무 빠른 리듬과 고음, 슬프거나 어두운 곡은 정서발달에 부정적인 영향을 미칠 수 있다.

임신후반기에는 대뇌피질이 빠르게 발달한다. 엄마와 아빠의 목소리, 음악을 통해서 생각하고 느끼고 기억하는 능력이 발달한다. 음악적 자극이 필요한 이유다. 다만 음악은 한 번에 오래 듣는 것 보다는 꾸준히 반복적으로 듣는 게 효과적이다.

③

미생물과 태교

자연과 미생물

미생물(微生物)은 눈에 보이지 않는 0.1밀리미터 이하 크기의 미세한 생물이다. 주로 단일세포나 균사로 몸을 이룬다. 생물로서 최소 생활단위를 영위하는 미생물은 인간의 삶에 깊은 연관이 있다. 유해균이나 유익균의 양면성을 지닌 미생물은 지구 생명의 60퍼센트 가량을 차지한다. 자연계 곳곳에 존재하는 미생물은 종과 기능의 다양성으로 인해 생태계에서 아주 중요한 역할을 하고 있다.

바다의 미생물은 지구가 가지고 있는 산소의 절반을 배출해 대기 조성을 바꾼다. 토양을 비옥하게 하고 오염물질을 분해한다. 탄소, 산소, 황 등의 순환주기를 이끈다. 원소를 전화시켜 동식물에게 에너지를 전달한다. 유기물을 분해하고, 인간의 육체를 자연으로 돌려보내는 일도 한다. 광합성 작용으로 식량을 생산하는 것도 미생물의 역할이다.

깊은 바다에도, 뜨거운 온천에도, 땅 속에도, 갯벌에도, 인간의 손길이 닿지 않는 원시림에도, 내리는 눈, 바람, 비에도, 그리고 지구상에 있는 모든 동식물의 생명활동에 미생물이 존재하고 관여한다. 미생물은 모든 동식물의 생태계를 좌지우지 한다. 또한 인간과 자연의 공생을 가능하게 한다. 미생물이 없으면 인간은 존재할 수 없다. 지구에 인간중심의 환경을 만들어 준 건 미생물이다.

　미생물은 박테리아, 바이러스, 균류, 원시세균, 고세균으로 분류된다. 미생물은 20세기까지도 접촉을 통해 감염시키는 병원체 모습으로 그려졌다. 이 같은 영향으로 미생물은 인간에게 해로운 존재로 인식되었다. 하지만 인간의 몸(숙주)에 유해한 미생물(병원균)은 100가지 정도에 불과하다. 미생물 전체의 0.1퍼센트에 지나지 않는다.

인간과 미생물

미생물에게 인간은 숙주다. 미생물은 척박한, 극한 환경에서도 살아남는다. 강한 적응력과 생명력을 갖고 있다. 미생물에게 대형 척추동물인 인간의 몸은 좋은 생태계이고 기회의 장소다. 마치 인간에게 지구와 같은 의미다. 인간은 출현과 동시에 미생물과 공생을 시작했다. 인간은 태어나 처음 숨 쉬는 순간부터 마지막 숨을 거둘 때까지 미생물과 함께 한다. 인간의 몸은 미생물의 몸이기도 하다. 산호는 해저에서 수많은 해양 생물의 서식처 역할을 한다. 마찬가지로 인간의 몸은 미생물의 안식처다.

인간의 몸을 이루는 세포는 태어날 때 약 3조 개다. 성체가 되면 60조 ~100조의 세포와 2만3천 종의 유전자를 갖게 된다. 그런데 인간의 몸은 자신의 유전체보다 수백 배 많은 1천 조에 가까운 미생물의 700만 개의 유전체를 품고 있다.

인간과 미생물과의 공생체제는 적어도 1600만 년 전에 형성됐고, 이는 진화의 원동력이 되었다. 진화는 세대를 거듭할 때 무작위적으로 일어나는 돌연변이에 의존하는 과정이다.

초식 동물인 소는 자신만의 유전자로는 풀에서 충분한 양분을 얻을 수가 없다. 그렇다고 유전자 돌연변이를 통해 많은 영양분을 얻으려면 시간이 너무 오래 걸린다. 가장 빠른 방법은 미생물에게 의지하는 것이다. 미생물의 한 세대 삶은 하루보다도 짧다. 돌연변이와 진화가 일어날 기회가 수십 년을 사는 소보다 훨씬 많다. 따라서 필요한 유전자를 얻기가 쉽고도 빠르다.

미국 국립보건원(NIH)의 인간 마이크로바이옴(Microbiome) 컨소시엄 연구에 의하면 사람의 대장에는 2000~4000여종의 다양한 세균이 살고 있다. 소장, 피부 등 다른 신체부위까지 감안하면 인간의 몸은 '걸어 다니는 거대한 미생물 생태계'다. 그렇기에 인간에게 미생물은 '두 번째 게놈(Second Genome)'이라고 할 수 있다.

인간의 몸을 구성하는 미생물은 매우 다양하다. 인체에서 미생물이 집중된 곳이 장이다. 인간의 몸은 한 쪽 끝에서 들어간 음식물이 관을 타고 통과해 다른 끝으로 나오는 구조다. 장을 관(tube)에 비유할 수 있다. 입에서 항문까지 하나의 관으로 이루어진 인간의 장(gut)은 100조가 넘는 미생물의 보금자리다. 약 2000~4000여 종의 미생물이 1.5미터 길이의 대장 안에서 장벽 주름을 삶의 터전으로 삼고 있다.

관 형태의 인체 구조로 볼 때 진정한 속(inside)은 소화관이 아니라 피부와 소화관으로 둘러싸인 세포조직과 기관, 근육, 뼈이다. 인체의 표면은 피부와 소화관 내부가 겉이라고 할 수 있다. 안이든 겉이든 미생물이 없는 곳은 없다. 그래서 모든 병의 시작이 '장'이라고도 할 수 있다.

소장 대장같은 영양분이 풍부한 곳에는 미생물의 밀도가 높다. 척박한 환경의 폐나 위에는 밀도가 낮다. 그리고 모든 사람에게 공통으로 발견되는 박테리아는 거의 없다. 사람마다, 개인의 지문만큼 고유의 미생물 집단을 소유한다. 인체의 부위마다 생태 환경 차이가 있다. 미생물은 각각 적합한 환경에 자리 잡는다. 인체의 특정기관도 위치에 따라 서식 미생물이 다른 이유다.

미생물군 유전체의 최고 장점은 인간의 게놈이 절대 따라갈 수 없는 주어진 상황에 대한 탁월한 적응력이다. 인간의 몸이 성장하고 변하는 과정에서 미생물군 유전체는 곧잘 적응한다. 인간과 미생물의 필요에 맞게 몇 시간 만에도 스스로 조종하고 맞춰나간다.

인간의 몸이 미생물의 숙주 역할을 하다보면 공생관계가 깨질 수도 있다. 미생물이 유해 병원균으로 돌변해 몸에 치명적인 손상을 입히기도 한다. 그러나 이런 위험 부담에서도 공생관계를 지속해야 한다. 생명활동에 없어서는 안 되는 존재이기 때문이다. 인간의 건강과 행복은 몸의 미생물에 크게 영향 받는다. 전반적으로 미생물에게 좋은 환경일 때 몸은 건강하다. 미생물이 환경에 불편해 하면 숙주인 인간에게 등을 돌려 건강을 해치는 주범으로 변한다.

인간이 숨을 내쉬고 마실 때 시간당 3700만 마리의 몸 안 미생물이 밖으로 나가고, 세상의 미생물이 몸 안으로 들어온다. 인간은 순간에도 보이지 않는 미생물들과 교류하고, 삶을 함께 영위한다. 물이든 땅이든, 그곳에 사는 생명체가 다양해야 생태계가 건강하다. 인체도 마찬가지다. 다양한 미생물이 인체에 머물러야 한다. 그것이 건강한 공생관계다.

엄마와 아기의 미생물 대물림

태초에 미생물이 있었다. 지구의 역사는 약 45억 년이다. 세균인 단세포 원시생물 탄생은 약 35억 년 전이다. 이후 미생물이 만들어내는 산소를 호흡하는 생물이 바다에 나타났고, 육지로 진출했다. 인류는 고작 20만 년 전에 출현했다. 인류가 창조되기 수십억 년 전부터 미생물은 지구의 주인으로 살아온 것이다.

지구의 역사를 1개월로 환산하면 각 생명체 출현 시기는 다음과 같다. 1일 지구 탄생, 3일 최초 생명체인 미생물 출현, 20일 미생물형태 진핵세포 진화, 24일 다세포 생명 출현, 27일 수생 동식물 다양화, 28일 육상동물 출현, 29일 곤충과 포유류 출현, 30일 새 출현이다. 인류는 30일 자정 10분 전에 창조됐고, 자정 30초 전에 인간이 역사를 기록하기 시작했다.

이처럼 미생물은 인류가 탄생하기 훨씬 전부터, 인간의 시간 개념으로 체감하기 어려울 만큼 오래 전부터 생명의 탄생과 진화에 이바지해왔다. 오랜 역사의 미생물은 인간의 생명활동에 꼭 필요한 존재다. 자궁의 양막과 양수에 쌓여 있는 태아는 거의 무균 상태에 가깝다. 자궁에서의 태아는 모체에 전적으로 의존하는 시스템이었다. 그러나 태어남과 동시에 완전 다른 생명시스템에서 살아야 한다. 새로운 환경 중의 하나가 미생물과의 만남이다. 아기 탄생은 모체를 통한 미생물의 대물림이기도 하다. 출생은 거의 무균상태의 태아를 미생물과 어우러지는 세계로 안내했다. 엄마는 안정적으로 미생물을 아기에게 이전한다.

아기에게 가장 우선돼야 할 미생물은 장(gut) 미생물군이다. 아기의 육체 성장에 필요한 영양분과 에너지 대사에 중요한 기관이 장이다. 산고를 치르는 엄마는 초유를 먹이기도 전에 자신의 장미생물군 등을 아기에게 우선 전달한다.

엄마는 아기에게 자신의 절반 유전자와 함께 몸 안의 미생물 유전자를 물려준다. 아기가 받는 인간 유전자는 선택의 여지가 없다. 그런데 미생물 유전자 대물림은 선택의 문제이기도 하다. 유전자는 고를 수도, 바꿀 수도 없다. 반면에 미생물총은 다른 기관과는 달리 고정되어 있지 않다. 미생물을 고를 수 있기에 미생물의 유전자를 바꿀 수 있다. 엄마 몸속의 미생물과 그 유전자들은 엄마의 소유물이다.

주어진 유전자는 질환에 걸리기 쉬운 소인이 숨어 있을 수도 있다. 그런데 그 발현은 생활습관, 식사, 특정 상황 노출 등 환경에 영향을 받는 후천적 요소가 강하다. 이 같은 선천성과 후천성 사이에 있는 게 미생물이다. 미생물군 유전체 대부분은 인간이 후천적으로 얻게 된다. 그러나 동시에 엄마에게 물려받은 선천적인 유전자이기도 하다. 미생물군 유전체의 상당부분이 엄마로부터 아기에게 전달된다. 수유할 때 엄마에게서 이동된 미생물은 아기의 장에 옮겨가 세포형성, 면역 발달 등 좋은 영향을 준다. 아기는 자라면서 미생물 구성이 조금씩 변화된다. 그러나 미생물의 큰 특성은 돌이 되기 전에 어느 정도 결정된다. 이는 유전적인 것으로 엄마의 미생물 상태가 아이에게 큰 영향을 끼치는 것이다.

부모는 행복하고 건강한 환경을 아기에게 물려주고 싶어 한다. 이는 최고의 유전자와 함께 미생물군 유전체까지 물려줘야 가능하다. 미생물군 유전체는 유전적 영향성과 환경적 통제를 통해 두 가지 모두 가능케 한다. 엄마는 생명의 시작점에 강력하게 개입하여 건강한 삶을 줄 수 있는 존재다. 엄마가 아기에게 주는 최초의 중요한 건강 선물이 미생물이다.

엄마의 장내 환경이 건강해야 아기에게 건강한 선물을 전달할 수 있다. 그런데 많은 현대인의 식단과 생활환경, 자연환경, 삶의 패턴은 미생물의 공생관계를 깨뜨린다. 장내에 유익한 미생물을 아기에게 전하려면 철저한 준비가 필요하다. 임신과 출산에 계획을 해야 한다.

사람의 생활 패턴은 한두 달 만에 쉽게 바뀌지 않는다. 수정된 정자는 임신 3개월 전에 생성된다. 따라서 임신 6개월 전부터 계획을 세워야 한다. 식단관리는 기본이고, 부부의 친밀도를 높이는 노력이 필요하다. 규칙적으로 운동을 하고, 스트레스와 화학적 자극에서 벗어나는 게 좋다. 삶을 여유 있고, 긍정적으로 바라보는 편안한 심리상태 유지가 바람직하다.

엄마의 첫 번째 선물, 미토콘드리아

엄마가 아기에게 주는 첫 번째 선물이 미토콘드리아(mitochondria)다. 인간은 3조 개의 세포를 가지고 태어나 60조~100조 개 세포를 갖는 성체로 성장한다. 1개의 세포는 여러 소기관으로 이루어 있다. 유전 정보를 담고 있는 핵, 단백질을 생성하는 리보솜, 소포체, 골지체, 세포 호흡으로 에너지를 생산하는 미토콘트리아다. 미토콘드리아는 호흡이 활발한 세포일수록 많이 함유하고 있다. 세포마다 300~400개의 미토콘드리아가 있다. 성인 한 사람이 가진 미토콘드리아의 수는 약 1경 개이고, 몸무게의 10퍼센트를 차지하고 있다.

인간은 생존을 위해 심장박동, 혈액순환, 노폐물 대사, 신경전달, 근수축과 이완, 세포분열을 통한 성장, 호르몬과 세포막 생산, 종족 번식 등의 생리 기능을 수행한다. 이때 필요한 에너지를 만들어내는 발전소가 미토콘드리아다. 자동차의 엔진에 해당하는 게 미토콘드리아다. 자동차는 엔진이 있기에 휘발유를 넣으면 동력을 만들어 움직인다. 마찬가지로 인체 세포의 미토콘드리아에서는 포도당, 지방산, 아미노산의 영양분이 호흡시의 산소를 이용해 ATP(아데노신3인산)를 만들어 세포가 쓸 수 있게 한다. 고급 휘발유를 자동차에 넣어도 엔진이 고장 나면 자동차의 힘은 떨어지게 된다. 엔진(미토콘드리아)이 아주 좋아도, 질 낮은 휘발유를 넣으면 고장 난다.

미토콘드리아는 60조 개 세포의 인간이 살아가기 위한 거의 모든 에너지를 만든다. 인간 생명을 유지시키는 힘의 원천이다. 미토콘드리아의 에너지 생성은 수정되기 전의 엄마 난자에서부터 시작한다. 수정란의 신체 기관의 형성하고, 모체의 자궁에서 성장한다. 미토콘드리아 에너지가 최대치로 끌어올려진 상태에서 아기가 태어난다. 엄마 삶의 환경, 생활 태도, 경험 등이 종합된 '태교'로 인해 보유하고 태어나는 미토콘드리아의 기능이 달라진다. 충분하고 질 높은 영양, 스트레스 노출과 관리, 환경 호르몬 노출 정도가 중요한 변수다.

출생 후 미토콘드리아 에너지는 증가한다. 그러나 10대 후반부터 떨어지기 시작한 미토콘드리아의 기능은 40대부터는 급격히 저하된다.

미토콘드리아가 없으면 손가락 하나도 까딱할 수 없다. 눈도 깜박일 수 없고, 생각도 할 수 없고, 호흡도 멈춘다. 죽음이다. 미토콘드리아는 생명을 유지하는 힘, 그 자체다. 그래서 수가 적으면 기력이 떨어지고, 난임의 원인이 되고, 기능이 정지돼 죽음에 이른다. 에너지, 성, 번식력, 세포자살, 노화, 죽음에 이르기까지 몸을 지배하는 미토콘드리아의 기능 이상은 여러 질병을 부른다. 만성대사성 증후군, 암, 파킨슨, 치매, 루게릭, 모아모아병, 미토콘드리아 결핍증, 만성 자가면역질환, 근골격계 질환, 호흡기 질환 등이다.

미토콘트리아가 환경호르몬 등에 의해 손상 되어도 위의 질병들이 걸리기도 한다.

미토콘드리아는 생명의 기원이다. 지구의 거의 전 생명체에 에너지를 제공하는 미토콘드리아는 40억 년 전에 등장한 세균의 일종이다. 인간과는 20만 년 이상 동행했다. 40억 년 전에 이 지구에 등장한 고세균과 세균은 막이 없는 벌거숭이균이었다.

35억 년 전, 산소광합성으로 대기 속에 산소 농도가 높아지는 대산화 사건으로 세균과 고세균은 거의 멸종됐다. 25억 년 전에 이 열악한 환경에서도 극히 일부가 우연히 공생의 삶을 터득해 생명 탄생의 기적을 만들어냈다. 바로 고세균과 세균의 만남이다. 둘의 만남으로 막이 만들어지고, 고세균이 박테리아를 집어 삼키게 되었다. 고세균이 집어삼킨 용수철 모양의 박테리아가 미토콘트리아다. 미토콘트리아는 동물과 식물, 거의 모든 생명체의 세포내에 존재한다.

세균과 고세균의 만남은 유전자와 유전자의 혼합으로 생긴 엄청난 무질서와 혼돈이다. 규칙성이 없는 혼돈의 카오스가 일관성과 예측성을 띨 때까지는 수많은 우연과 선택이 반복됐다. 세월도 길고 길었다. 미토콘드리아는 이 과정을 겪으면서 인간의 세포마다 생명 에너지를 제공하는 오랜 파트너가 되었다. 미토콘드리아가 만들어내는 에너지가 있었기에 수십억 년 전 생명이 시작될 수 있었다. 원핵생물에서 진핵생물로, 단세포 생물에서 다세포 생물로, 몸집의 대형화와 성의 분화는 물론이고 정온 동물의 출현과 진화도 가능했다. 수십억 년 전부터 진행된 생명의 기원, 성의 발생, 인류의 진화는 모두 미토콘드리아의 역할 덕분이다.

이 미토콘드리아는 엄마가 아기에게 주는 첫 번째 선물이다. 여성 난소의 3000여 개 난자 중 매 달 성숙된 하나가 배란돼 새 생명의 몸과 마음을 만든다. 난자는 인체에서 가장 많은 10만 개의 미토콘드리아 엔진을 보유한 큰 세포다. 반면 남성의 정자에는 꼬리 부분에 100개 이하의 미토콘드리아가 있다. 인체에서 가장 작은 세포다. 정자는 난자를 만날 확률을 높이기 위해 최적화 구조를 갖추고 있는 것이다. 정자의 미토콘드리아는 난자가 있는 곳까지 18센티미터의 거리를 2~4시간에 셀 수 없이 많이 꼬리를 흔들며 헤엄쳐 가는 원동력으로 쓰인다. 미토콘드리아 수가 적으면 난자에 도달하지 못해 수정이 이루어지지 못한다. 임신이 불가능하다.

수정란은 정자와 난자의 만남 결과다. 이는 부모의 유전정보를 물려받아 온전한 유전체가 형성됨을 뜻한다. 정자는 유전정보만을 물려줄 뿐 미토콘드리아는 전달되지 않는다. 이에 비해 난자는 수정란에 유전정보만 주는 게 아니라 난자가 수정란이 된다. 난자 안에 있는 10만개의 미토콘드리아는 수정란에 에너지를 공급하여 자궁에서 태아성장의 원동력으로 작용한다. 그리고 태아의 미토콘드리아 자체가 된다.

모든 유전정보는 세포의 핵 안에 들어 있는데 유일하게 스스로의 미량의 DNA를 보유하고 있는 게 미토콘드리아다. 부모의 유전자는 반반씩 유전되지만 미토콘드리아DNA는 오로지 난자의 DNA만이 아기에게 유전된다.

그래서 엄마 난자에 있는 미토콘드리아의 건강이 매우 중요하다. 엄마의 미토콘드리아에 결함이 있으면 모계 유전으로 평생건강에 위협받게 된다. 난자 속의 미토콘드리아가 건강할 때 건강한 수정란이 형성되고, 아이의 에너지 발전소가 제 역할을 할 수 있다.

난자의 미토콘드리아는 태어나는 아이에게 전달되어 20년, 40년, 더 나아가서는 노후 건강까지 전 생애에 걸쳐 영향을 끼친다는 의미다. 미토콘드리아의 기능 이상, 기능약화, 미토콘트리아 수의 부족은 난임, 유산, 조산의 원인이 되기도 한다. 생명을 키울 만큼의 건강한 미토콘드리아가 부족한 탓이다.

'난세포질 이식'이라는 난임 시술법이 있다. 난자의 미토콘드리아 기능 이상이나 유전병으로 난임인 경우가 있다. 이런 경우 미토콘드리아 불임 여성의 세포핵을 건강한 여성의 난자에서 핵을 제거하고 넣어 정자와 수정시키는 방법이다. 이 경우 두 명의 엄마 유전자를 갖게 된다. 미토콘드리아 없이는 자궁에서 태아가 성장할 수 없다. 때문에 미토콘드리아 유전자와 태아가 성장할 수 있도록 난세포의 미토콘드리아를 제공해준 엄마와 핵 유전자를 준 엄마가 존재한다.

난세포질 이식시술은 생명의 수정에서 태어남까지 난자의 미토콘드리아가 얼마나 중요한지, 난자의 미토콘드리아 없이는 생명의 탄생도 일어날 수 없음을 알 수 있는 단적인 예다.

엄마 난자의 미토콘드리아는 아이가 태어나 살아가는 전 생애의 건강 주춧돌이다. 아이의 평생건강은 모체 난자에서 시작된다. 임신 준비 여성이 미토콘드리아를 건강하게 만드는 삶의 실천을 해야 하는 이유다. 엄마는 생명의 시작점에 가장 강력하게 개입하여 건강한 삶을 줄 수 있는 존재다.

그러나 건강한 미토콘드리아를 가진 임신 여성도 정서적, 신체적 스트레스, 화학적인 환경호르몬에 자주 노출되면 상황이 달라진다. 미토콘드리아가 공격받아 건강성이 위협 받을 수 있다. 임신 때 남편을 포함한 주위사람의 세심하고 따뜻한 배려가 필요한 이유다. 느끼고 나눠주는 공감은 산모의 세포 속 미토콘드리아도 건강하게 한다.

미토콘드리아 손상 원인 중 하나는 현대 과학 문명의 역작용이다. 과학

기술의 눈부신 발달은 인간의 삶을 풍요롭고 안락하게 한다. 반면 환경 오염, 지구온난화, 생태계 파괴도 한다. 이는 종의 다양성 감소, 먹을거리를 비롯하여 생활환경, 생물환경 등의 오염을 부른다. 오염은 여성 난자의 미토콘드리아를 공격한다. 임신을 계획하면 미토콘드리아를 부활시킬 필요가 있다.

임신을 문학이나 종교적으로 표현하면 아담과 이브의 만남이다. 인류의 어머니인 이브의 추적은 미토콘드리아로 가능하다. 미토콘드리아의 DNA는 모계로만 유전된다. 이 특성을 살피면 어머니의 어머니인 시원이 된 어머니를 만날 수 있다.

인류의 아버지인 아담은 미토콘드리아로 살필 수 없다. 대신 부계로만 전달되는 유전정보인 Y염색체로 알 수 있다. 미토콘드리아 DNA와 Y염색체를 통한 이브와 아담의 추적 결과, 이브와 아담은 둘 다 아프리카에 산 것으로 밝혀졌다. 흥미롭게도 이브는 15만 년 전의 인물이고, 아담은 5만 9000년 전에 사람이다. 성경과 달리 아담과 이브는 서로 만나지 않은 것이다.

자연출산과 미생물 대물림

미생물은 인간의 생명활동과 건강에 지대한 영향을 미친다. 미생물은 자연출산과 모유수유를 통해 아기에게 전해진다. 인간의 진화는 거의 무균상태인 태아가 미생물과 어우러지는 세계로 아름답고 안전하게 전이시켰다. 바로 모체를 통한 미생물 대물림이다.

미생물의 대물림은 인간의 전유물은 아니다. 모든 생명체는 미생물의 씨를 뿌린다. 이는 미생물의 생존법칙이다. 아기를 낳고 젖을 먹이는 포유류 뿐아니라 곤충에게도 일어난다. 곤충은 어미가 알속에, 또는 부화하면 직접 미생물을 전해준다.

바퀴벌레는 세균세포에 미생물을 보관한다. 알을 낳을 즈음에 세균세포는 미생물을 방출한다. 뱃속의 알 옆에 뿌려놓는데 알은 어미 몸 밖으로 나오기 전에 미생물을 삼킨다. 노린재는 박테리아가 든 배설물을 방금 낳은 알 표면에 잔뜩 발라놓는다. 알에서 깨어난 유충은 어미가 발라놓은 미생물을 먹어치운다. 칡벌레는 알을 깨고 나온 뒤 어미가 옆에 놓고 간 박테리아 주머니를 먹는다. 없으면 다른 칡벌레 몫의 박테리아 주머니를 찾는다.

종마다 방식은 다르지만, 어미가 갓 태어난 새끼에게 건강한 미생물 세트를 선물한다. 이는 생존에 미생물이 꼭 필요하기 때문이다. 진화론적으로 미생물과 어울려 산다는 게 이로운 삶의 방식임을 알 수 있다.

인간도 자연출산 과정에서 질과 변속의 세균을 아기에게 선물한다. 인간이 만든 첫 옷 배냇저고리에 앞서 미생물을 입힌다. 아기는 산통을 하는 엄마의 질을 통과하며 미생물을 몸에 묻힌다. 엄마는 무균상태인 갓난아기의 장에 균을 접종하고, 아기의 장 속의 유익 미생물이 잘 자라도록 특별 분자인 올리고당이 풍부한 모유를 먹인다. 아기가 자신만의 독특한 미생물군을 성장 시킬 수 있도록 돕는다.

태아는 자궁 속에서 2겹의 양막과 양수에 싸여있다. 외부와 차단돼 거의 무균상태다. 자궁에서의 태아는 모체에 완전 의존한다. 그러나 태어남과 동시에 완전 다른 생명시스템으로 미생물 지구에서 살아야 한다. 아기를 싸고 있던 양막이 찢어져 파수가 일어난 경우 태아는 생존이 어렵다. 파수로 인한 미생물 증식으로 감염 우려가 높기 때문이다. 이 경우 자궁은 안전지대가 아니다. 아기는 자궁을 떠나야만 한다.

임신 여성은 출산이 다가오면 질 내 미생물이 크게 변화한다. 질 속의 미생물종의 다양성이 감소한다. 출산일이 가까워질수록 질 분비물의 산도(ph)가 높아진다. 락토바실러스(젖산균)와 프레보텔라 등이 임신 말기 임산부의 대장에 총집결하는 데 주로 질 속에 포진된다. 질내 산도(ph)가 높아지는 이유다.

특히 소장에서 서식하며 담즙 분해효소를 생산하는 락토바실러스 존스니가 임산부 질에서 갑자기 증가한다. 락토바실러스 존스니는 공격적이고, 박테리오신을 대량으로 생산한다. 다른 박테리아를 제거하고 질에서 영역을 넓혀 아기의 장속에 충분한 양이 들어갈 수 있게 준비한다.

● 미생물 지구에서 살아남기 위한 1차 예방 접종 – 질미생물

출산 때 양막이 터지면서 미생물 증식이 일어난다. 이 때 아기가 처음으로 접하는 것이 모체의 질속에 있던 미생물이다. 젖산균, 락토바실러스 등의 세균샤워를 하며 세상에 나온다. 자궁의 수축과 이완으로 자궁 안의 태아를 세상 밖으로 내보낼 때, 산모의 산통이 잠시 멎는 사이에 질미생물이 입혀진다. 진통이 강할수록 입혀지는 양이 많다. 아기가 질을 통과하여 세상에 나오는 여정에 모체의 질에 포진해 기다리는 미생물이 입혀지는 것이다. 질식 분만으로 태어나는 아기는 자연의 통과의례를 거치면서 생명력이 높아진다.

● 미생물 지구에서 살아남기 위한 2차 예방 접종 – 대변 미생물

출산 과정의 아기는 등을 둥글게 말고 턱을 가슴에 붙인 채 자궁수축을 견뎌낸다. 여성의 골반은 입구, 출구 크기가 다르다. 아기는 네 번의 회전을 하면서 골반의 출구를 찾는다. 출산 마지막은 아기 머리가 산도의 출구를 통과하는 단계다. 이때 아기의 눈, 코, 입이 있는 얼굴이 엄마의 항문 쪽을 향한다. 그 상태로 다음 수축 시까지 잠시 기다린다. 출산 시 자궁 수축 호르몬과 아기가 나오며 가해지는 압력 때문에 대부분의 산모는 대변을 지린다. 이때 아기는 엄마가 지린 대변 속의 미생물을 흡입한다. 대변 속의 세균들임에도 유익균만 아기에게 입혀진다.

● 자연출산의 가치

아기의 성장에 필요한 영양분과 에너지 공급을 위해 우선적으로 장(gut) 미생물군이 자리 잡아야 한다. 출산과정에서 산고를 치르면서 자신의 미생물을 아기에게 전하는 것이 바로 자연출산의 가치다. 자궁 수축 호르몬이 직장과 항문에도 똑같이 작용하는 것도, 질이 항문에 가깝게 붙어 있는 것도, 출산 과정에서 엄마가 변과 질을 통해 아기에게 미생물을 가장 잘 전달되게 하기 위한 자연선택의 결과다. 자연출산 자체가 아기에게는 최고의 예방접종인 셈이다.

하나의 생명을 위해 산모의 대장 속 미생물들은 기나긴 여정으로 질 속까지 온다. 목적지 도착 전에 동료의 죽음도 보고, 어려움도 겪는다. 그런 과정에서 살아남은 미생물은 질 다림질(산통)을 통해 태어나는 생명에게 입혀진다. 산모의 몸을 떠나 새 생명의 장 속으로 들어가 소화기관을 지켜낸다.

● 초기 미생물 군집과 평생 건강

출산방법에 따라 아기의 장에서 발견되는 미생물은 다르다. 자연출산과 제왕절개 미생물 종류가 다르다. 다만 진통 끝에 응급 제왕절개를 한 경우는 자연출산의 미생물과 유사하다.

제왕절개술로 태어난 아기의 장내미생물총은 근본적으로 피부 미생물부터 시작하게 된다. 제일 먼저 만나는 것은 주변에 서식하는 미생물이다. 의료진, 엄마, 아빠의 피부 미생물과 수술실 내의 강력한 내성병원균인 클로스트리듐 디피실리(시디프) 연쇄상구균, 슈도모나스 등이 장에 정착된다. 생명활동에 유익한 비피더스균 정착이 오래 걸리고, 괴사성 장염(시디프)에 노출되기 쉽다.

출산 과정에서 엄마로부터 얻는 미생물의 씨앗이 아기의 장에 자리 잡으면 대변 속 장박테리아와 질박테리아를 포함한 장내미생물의 전반적

다양성이 증가한다. 그러나 초기의 다양성은 빠르게 줄어들어 젖을 분해하는 박테리아만 남게 된다. 출산 과정에서 아기는 엄마의 질미생물과 장미생물을 같이 얻게 된다. 그런데 왜 신생아의 장에서 증식하는 미생물은 엄마의 장에 사는 미생물보다 질 속(출산길)에 사는 미생물이 더 많을까.

여성 질 안의 락토바실리는 잘 번식하는 미생물로 젖을 먹고 산다. 아기도 젖을 먹는다. 젖 속의 락토스(젖당)는 대장 젖산균의 먹이가 돼 락토바실리가 잘 번식하게 만든다.

아기가 얻는 엄마의 장 내 미생물들은 충수에서 증식된다. 향 후 몇 년간의 아기의 건강을 책임질 중요한 시발점을 형성한다. 흔적기관, 또는 없는 게 더 나은 염증이나 일으키는 애물단지로 여기는 충수가 사실은 미생물의 메카, 미생물의 은행이다. 인간의 미생물 생계에 균형을 맞춰 주는 중요한 장기다.

일반적으로 사람 장 속의 미생물 총은 다양한 게 건강에 유리하다. 그런데 임신기간에 질 내 미생물총은 락토바실러스(젖산균) 속과 프레보텔라 속 박테리아들로 채워져 다양성이 낮다. 이는 아기에게 처음으로 뿌려지는 미생물의 씨앗을 꼭 필요한 종으로 채우기 위해 군집을 걸러냈기 때문이다.

이런 모체의 독특한 질 미생물군은 엄선된 소수 정예 팀으로 신생아의 소화관 발달에 특별한 소임을 맡고 파견된다. 신생아의 장에 가장 우점 종으로 자리 잡는 락토바실러스는 젖산균이다. 우유를 요거트로 발효시키는 종으로 박테리오신이란 항생물질을 생성해 다른 미생물들에게 적대적인 환경을 조성한다. 이 화학물질은 신생아의 장 내 유익균 선점을 돕는다. 병원균 클로스트리듐 디피실리, 슈도모나스, 연쇄상 구균 등 발디딜 틈 없는 장내 여건을 만드는 것이다.

성인이 된 후의 소장, 대장 등에 자리 잡은 미생물 군단은 출생 때 엄마에게서 물려받은 것이다. 태어나면서 좋은 자리를 선점한 미생물 종은 쉽게 변하지 않는다. 모체로부터 물려받은 건강한 미생물은 몇 년동안 아기의 생명을 끌고 가는 힘이다. 건강한 미생물을 아기에게 전달하려면 계획 임신과 출산이 중요하다.

락토바실리는 엄마의 질을 보호하는 역할보다는 출산 순간에 아기에게 옮겨가기 위해 오랜 시간을 기다린다. 여성의 출산 길은 아기에게 최고의 환경을 만들어 주는 정교하게 계획된 자연의 선물이다.

모유와 미생물 대물림

세상에 태어날 때 아기의 장에 뿌려진 미생물총의 씨앗은 환경에 따라 증식 양상에 차이가 난다. 좋은 환경이 제공되면 불모지나 다름없던 신생아의 장속에 생태학적 천이 과정이 일어난다. 처음엔 젖산균으로 시작해 미생물총이 점점 다양해진다. 각 단계의 미생물총은 다음에 올 종의 양분인 밑거름이 된다. 바위 위에 이끼가 끼고, 쌓인 이끼가 토양을 만들고, 그곳에 초본이 자라고, 다시 관목이 성장하고, 마침내 숲을 이루는 것과 마찬가지다. 그 씨앗들을 잘 보살피는 좋은 환경 요소가 모유다.

모유는 임신 16주부터 만들어지기 시작한다. 엄마와 아기를 연결한 탯줄이 잘리고, 태반이 자궁벽에서 떨어지면 젖 분비 호르몬(프로락틴)이 급격히 상승된다. 모유 생성 작업이 이루어진다.

산모가 산통을 겪을 때 호르몬 물질이 분비된다. 이 호르몬이 유방의 유선에 모유를 만들고, 아기를 위해 모체의 장에서 유선조직으로 미생물을 이송시키도록 한다. 이로 인해 아기는 모유를 섭취하면서 하루에 80만 마리 가량의 모체 장미생물을 먹는다. 인간의 면역시스템은 유해균을 처리, 몸을 방어한다. 그리고 갓 태어난 아기에게 모체의 유익균을 전달하는 택배 서비스도 한다.

출산 방법에 따라 모유의 미생물 분포가 다르다. 자연 분만과 제왕절개 분만은 두 가지 면에서 결정적 차이가 난다. 태어날 때 접종되는 미생물 종류가 다르고, 모유를 통해 받는 미생물 종류도 다르다.

분유 수유는 유익 미생물 관점에서는 아쉬움이 있다. 젖을 물리는 포유류의 고유 행동은 1000만년 동안 진행됐다. 그런데 분유는 이 전통을 100년 전부터 바꾸고 있다. 분유는 소와 양의 젖이다. 소와 양은 사람의 생체적 기능과 삶의 방식, 먹거리가 다르다. 장내미생물총 분포도 다르다.

송아지의 장미생물은 여러 번 씹은 풀을 먹고 영양분을 추출해내는 미생물군(후벽균)이 자리 잡고 있다. 소 젖은 송아지의 장내미생물에 이상적인 영양 공급원이다. 그러나 사람이 먹을 음식으로는 미흡하다. 우유에 부족한 비타민, 미네랄을 첨가할 수 있다. 하지만 면역세포나 항체, 유익한 살아있는 미생물종과 150여 가지의 올리고당을 완벽한 비율로 조합한 분유제조는 불가능하다. 모유와 같은 분유는 현재까지는 없다.

모유는 아기의 생명수다. 생후 6개월 미만의 아기는 감염에 취약하다. 이는 면역계 미숙 탓이 아니라 면역계 침묵이 원인이다. 면역계는 미생물들에게 자유 통행권 발급 후 전신에 정착할 때까지 기다린다. 신생아의 장은 원래 미생물 불모지다. 이곳에 생태학적 천이 과정이 일어나 미생물총이 점점 다양해져야 건강한 삶을 살 수 있다. 자연은 항체가 듬뿍 든 모유를 선물했다. 특히 모유 속의 모유 올리고당(HMOs)은 특정 미생물 군집에게 먹이를 제공한다. 이로써 모체에게서 물려받은 미생물 씨앗이 성장해 우점종으로 선점되게 한다. 장벽을 탄탄하게 지키므로 유해균을 통제하는 시스템이 가동된다.

● 모유올리고당(HMOs)

영아산통이 있는 아기는 날 숨에 내뱉는 수소량이 적다. 영아산통이 없는 아기는 날 숨에 내뱉는 수소량이 많다. 수소 발생은 장에서 박테리아가 음식을 분해하는 의미다. 박테리아가 수소를 발생시키려면 먹이(프리바이오틱스)가 필요하다. 포도당을 먹은 아기는 수소가 증가하지 않는다. 반면 올리고당을 먹은 아기는 수소 수치가 올라간다. 모유올리고당은 임신 여성과 모유수유 중인 여성의 유방조직에서 생산된다. 올리고당에게는 몇 가지 중요 임무가 있다.

첫째, 아기의 장에 건강한 미생물군 정착을 돕는다. 모유를 먹는 아기의 장에는 락토바실리와 비피도박테리아가 지배종으로 우점된다. 모유에는 장내미생물군 중 특정 종의 먹이가 되는 모유올리고당이 존재한다. 모유속에는 모유올리고당이 130~200여 종이 발견 된다. 어떤 포유류의 젖보다도 훨씬 높은 수치다. 인간이 여느 포유류 보다 더 많이 진화된 것으로 풀이된다. 올리고당 종의 차이는 산모의 건강에 따라 달라진다.

모유올리고당은 당분자 3~10개가 연결된 복합탄수화물이다. 아기의 장내미생물군 형성에 필수요소로 유익세균의 성장을 촉진한다. 아기의 장은 모유올리고당을 소화할 수 없는데도 모체는 모유올리고당을 만들어 아기에게 먹인다. 초유에는 젖당과 지방, 다음으로 올리고당이 많다. 젖당과 지방은 대장에 가기도 전에 소화되어 흡수된다. 그런데 모유올리고당은 위산에도, 췌장이나 소장소화효소에도 소화되지 않고 위와 소장을 통과하여 대장을 향해 간다.

모유올리고당은 대장에 도착하면 장내미생물군 중에서 비피더스(비피도 박테리아)균 종의 먹이가 된다. 비피더스균은 단쇄지방산을 만들어낸다. 단쇄지방산은 아기의 장에 병원균보다 유익균이 자라기에 좋은 환경을 제공한다. 여기에 아기에게 중요한 젖산이라고 알려진 젖산염(lactate)인 네 번째 단쇄지방산(SCFA)이 만들어진다. 젖산염은 대장 세포의 먹이가 됨과 동시에 아기의 면역체계 발달에 크게 기여한다. 모유올리고당은 아기를 위한 용도보다는 아기의 장내 박테리아를 위한 먹이인 셈이다. 모유올리고당은 아기의 장에 초기미생물을 좋은 자리에 안착시키기 위한 프로젝트다.

모유 성분을 연구하는 UC데이비스의 데이비드 밀스(David Mills)는 "모유올리고당은 아기의 장내미생물군에게 먹이려는 엄격한 목적하에 진화한 유일한 식품"이라고 설명한다.

둘째, 병원균을 소탕한다.

출생한 아기의 장에는 미생물군 종이 제한적이다. 장내미생물군의 다양성이 낮고 감염 저항력이 낮다. 이때 모유올리고당 장내 감염을 일시적으로 막아준다. 갓 태어난 신생아의 장에 폐렴연쇄상구균 같은 병원균이 단 한 종만 침입해도 유익균이 거의 전멸, 장 전체가 초토화 될 수 있다. 이 같은 상황을 올리고당이 막는다.

셋째, 모유는 아기의 성장단계에 맞춤 성분을 제공한다. 모유올리고당은 아기의 미생물 성장에 맞춰 양이 변한다. 미생물총이 안정되면 서서히 줄어든다. 출생부터 3개월까지의 모유에는 면역세포와 항체가 가득 차 있다. 올리고당은 1리터당 4스푼, 4개월 지나면 리터당 3스푼, 돌 무렵에는 리터당 1스푼 이하로 떨어진다.

아기 성장에 따라 모유올리고당 함유량이 변하는 것처럼 미생물 종도 변한다. 갓 태어난 아기에게 필요한 미생물과 두 달, 여섯 달 후의 아기에게 필요한 미생물이 다르기 때문이다. 생후 몇 개월이 지나면 모유 속에 어른 입에서 주로 발견되는 미생물이 증가한다. 이 시기가 이유식을 준비할 때다.

● WHO와 유니세프의 모유수유 권장 기간은 2~3년

생후 3년 동안 아기의 장내미생물총 세계는 매우 불안정하다. 생후 1년 동안 비피도박테리아속의 종들은 느리지만 꾸준히 감소한다. 가장 큰 변화는 9~18개월 사이에 일어난다. 이 시기는 이유식이 시작되면서 18개월에서 3세 사이 장내미생물은 어른의 것을 닮아가면서 안정을 찾는다. 아기가 성장하면서 장내미생물은 점차 엄마의 장내미생물과 비슷해진다.

세계보건기구(WHO)와 유니세프(UNICEF)는 첫 6개월 동안 모유수유를 해야 하고, 이유식을 먹는 단계에서도 모유수유를 계속할 것을 권유한다. 모유수유를 생후 2년 이상을 권장하고 있는 것이다. 모유에 면역 성분이 풍부하고 아이 성장에 맞게 맞춤영양을 제공한다는 여러 연구에서 기인한 것이다.

모유는 아기 장내미생물의 씨앗을 키우고, 성장발달에 맞춰 필요한 성분으로 구성된 맞춤 음식이다.

모유는 유해균 증식을 막고, 면역계가 유익균과 유해균을 구분할 수 있게 한다. 모유에서 발견되는 올리고당과 생 박테리아 등은 아기와 미생물총 모두를 위한 이상적인 먹이를 제공한다. 따라서 아기에게 모유는 엄마가 주는 첫 사랑수, 생명수라고 볼 수 있다.

소아과 의사인 마크 언더우드는 프리바이오틱스가 미숙아의 생명을 살리는데 도움이 되는 것으로 믿는다. 미숙아는 보통 제왕절개로 태어난다. 몇 번의 항생제 투여를 거친 뒤 최고의 위생환경에서 양육된다. 위장관에 '개척자 미생물(pioneering microbe)'이 없는 상태로 삶을 출발한다. 그렇기에 미숙아는 매우 특이한 마이크로바이옴(비피더스균수가 적고 수많은 기회감염 병원균들이 그 자리를 차지하는 미생물 불균형 상태)을 갖고서 성장한다. 불균형 상태의 장내미생물 군집은 치명적인 괴사성장염(NEC)의 위험에 빠뜨리기도 한다.

괴사성장염(NEC) 예방은 프로바이오틱(B. 인판티스)과 프리바이오틱스(모유) 병용으로 가능하다는 학설도 제기되고 있다.

프로바이오틱스

임산부는 장내미생물을 출산과 모유를 통해 아기에게 대물림한다. 그렇기에 임신 전부터 유익균이 장내에 많이 정착하게 하는 미생물 관리 식단이 필요하다. 사람의 몸에 사는 세균의 무게는 약 2킬로그램이고, 이 중의 80퍼센트 정도가 장에서 서식한다. 장에 각종 유해균이 서식하면 비만, 당뇨병 등 대사증후군이 발생될 수 있다. 반대로 유익균이 늘면 건강과 면역기능에 이롭다. 유익균인 유산균은 장에서 주로 서식하는데, 면역력 증강과 생체 순환에 큰 역할을 한다.

나이가 들면서 점차 유익균은 감소하고 장내 유해균은 증가한다.(Homma 등, 1998). 노화 과정에서 엇박자가 되는 장내 균총의 분포를 건강한 상태로 유지하도록 도와주는 것이 프로바이오틱스(Probiotics)다.

인체에 이로움을 주는 살아있는 미생물 총칭인 프로바이오틱스는 장내 환경에 유익한 작용을 하는 균(菌)이다. 점막에서 생육하게 된 프로바이오틱스는 젖산을 생성하여 장내 환경을 산성으로 만든다. 산성 환경에서 견디지 못하는 유해균은 감소하게 되고, 산성에서 생육이 잘 되는 유익균은 더욱 증식하게 된다. 장내 환경을 건강하게 바꾼다.

프로바이오틱스는 '생명을 위하여(for life)'라는 뜻이다. 반면 항생제

(antibiotic)는 '생명을 반대하여(against life)'라는 의미다. 항생제는 인체에서 미생물을 제거하기 위한 설계이고, 프로바이오틱은 미생물을 의도적으로 첨가하기 위한 설계다. 덴마크에서 프로바이오틱스는 흔히 처방되는 약 중 하나이다. 특히 항생제를 먹는 환자에게 권유된다. 항생제 섭취시 유해균은 물론 유익균도 죽게 된다. 따라서 보충제로 프로바이오틱스를 섭취하면 항생제로 인해 감소된 유익균 수를 증가시킬 수 있다.

프로바이오틱스 섭취는 건강상태 유지뿐 아니라 과민성대장증후군, 염증성 장질환 등 다양한 질병 개선에도 도움 된다. 프로바이오틱스는 유당불내증을 개선하고, 결장암을 예방하며, 콜레스테롤 및 혈압을 낮춰준다. 또 면역기능 개선, 감염예방, 스트레스로 인한 유해한 세균의 성장방지, 과민성대장증후군과 결장염 개선 등의 역할을 한다. 프로바이오틱스는 항생제 사용, 알콜 섭취, 스트레스, 질병, 독성물질에 노출 등의 상황에서 몸이 균형을 유지하도록 돕는다. 또한 우리의 건강을 저해하는 유해한 경쟁자가 성장하지 못하도록 활동한다.

● 프로바이오틱스가 함유된 식품

장에 살고 있는 세균의 구성은 음식섭취에 따라 바뀐다. 과일이나 채소 등 섬유소가 많은 식품을 섭취하면 유익균 수가 증가한다. 반면 육류, 인스턴트식품 등을 먹으면 장 속의 유해균이 증가하고, 독성물질로 인해 염증이 생길 수 있다.

프로바이오틱스가 함유된 대표적 식품이 발효음식이다. 우리나라 전통음식에는 간장, 된장, 청국장, 각종 김치류, 발효식초, 젓갈, 발효효소 등 다양한 발효식품이 많다. 발효식품은 항산화와 항암효과가 있는 음식으로 해독 작용과 장내환경 개선, 면역기능 증가를 기대할 수 있는 약이 되는 음식이다. 그런데 요즘에는 제대로 된 발효식품을 구하는 게 예전보다 어려워졌다. 시중에서 판매하는 일부는 전통적 의미의 발효식품이라는 할 수 없다.

● 대표적인 발효식품

간장, 된장, 청국장은 콩의 독성을 제거하고 효소를 발현시키는 지혜로운 식품이다. 임신 중에는 제대로 발효된 것을 섭취하는 게 더 좋다. 좀 비싸도 로컬 푸드나 직거래를 이용하는 것도 방법이다.

청국장은 끓이면 유익균과 효소가 없어진다. 국물만 끓인 뒤 청국장을 올려서 먹는 게 유익균과 효소를 제대로 살릴 수 있는 방법이다.

잘 발효된 김치로는 묵은지를 들 수 있다. 묵은지는 발효 식품 중 으뜸이다. 김치는 재료만으로도 좋은 먹거리다. 잘 삭은 묵은지의 수만 가지 발효 성분은 건강의 상승작용을 일으킨다. 김치를 담글 땐 좋은 소금과 잘 발효된 젓갈의 선택이 중요하다.

감식초, 흑초 등 각종 발효 식초는 천연 피로회복제다. 비타민의 보고인 효소제다. 물에 희석하면 맛이 좋은 유산균 음료수가 된다. 발효식품으로 쉽게 접하는 요거트나 치즈 선택 때는 항생제가 없는 우유로 누린내가 날 정도로 잘 발효된 것을 찾는 게 바람직하다.

더 효과적인 프로바이오틱스 섭취 방법을 몇 가지 생각할 수 있다.

첫째, 프로바이오틱스는 약 섭씨 60도 이상의 고온에서는 살지 못한다. 효과적으로 섭취하기 위해서는 김치나 된장 등의 발효 식품은 높은 온도에서 오랫동안 익혀먹지 않아야 한다.

둘째, 프로바이오틱스는 프리바이오틱스와 함께 섭취하는 것이 좋다. 장내 유익 박테리아의 생장을 돕는 난소화성 성분인 프리바이오틱스(prebiotics)는 프로바이오틱스의 영양원이 되는 물질이다. 바나나를 곁들인 요구르트, 치즈 채소샐러드, 나물 된장무침 등이 대표적이다.

프로바이오틱스 보충은 식품이나 건강기능성식품 섭취로 할 수 있다. 음식으로 섭취했을 때의 가장 큰 장점은 식품에 들어 있는 다양한 영양소를 함께 보충한다는 점이다. 따라서 음식으로 넉넉히 먹는 것이 좋다. 만약 여건이 허락되지 않으면 건강기능성식품으로 보충해도 된다. 건강기능성식품은 프로바이오틱스가 높은 농도로 농축되어 있어 간편하게 섭취할 수 있다. 제품마다 차이는 있지만 1회 섭취 분량의 열량이 낮다는 장점이 있다.

프로바이오틱스 유산균이 살아서 장까지 이동할 수 있는 기술, 동양인과 서양인의 장 모양과 길이의 특징을 감안한 다양한 제품이 있다. 섭씨 90도에서도 프로바이오틱스가 생존하는 제품, 아이를 위한 제품도 판매되고 있다. 건강기능성식품 섭취 때는 프로바이오틱스의 함량이 최소한 1억 마리(10CFU/일) 이상인가를 확인하고, 제품의 권장량에 따라 섭취한다.

프리바이오틱스

인체 건강 측면에서 프로바이오틱스 만큼 중요한 게 프리바이오틱스(pre biotics)다. 프리바이오틱스는 프로바이오틱스가 건강하게 자랄 수 있게 하는 것, 유익한 장내미생물을 선별적으로 성장을 도와주는 성분이다.

장내미생물은 사람이 섭취한 식품으로 성장한다. 섭취 음식물이 장에 존재하는 미생물의 종류를 변화시킬 수 있는 것이다. 그 중에서도 식이섬유, 올리고당, 흡수되지 않은 당류 등이 장내미생물 성장에 큰 영향을 준다. 프리바이오틱스는 소장에서 소화 되지 않는다. 대장으로 이동한 프리바이오틱스는 유산균 같은 박테리아의 성장이나 활성을 선택적으로 높여 인체 건강을 증진시킨다.

프리바이오틱스는 장까지 내려가 프로바이오틱스의 먹이로 이용된다. 따라서 프로바이오틱스 활성을 높이려면 프리바이오틱스를 함께 섭취해야 한다. 프리바이오틱스는 올리고당의 장내 역할과 관련해 주목받기 시작했다. 올리고당은 대장에서 유산균을 선택적으로 성장시키고 장내 유해균의 성장은 막아준다. 모유를 먹고 자란 아이의 면역력이 우유를 섭취한 아이보다 뛰어난 편이다. 이는 모유 속의 올리고당 덕분이다.

유산균은 식품발효에 관여하면서 장내 염증성 질병, 설사, 변비 등을 예방한다. 혈액 내 콜레스테롤을 감소시키고, 장내 유해균의 성장을 억제하는 등 몸에 유익한 작용을 한다. 그러므로 프리바이오틱스를 섭취해 유산균의 성장을 증진시키는 것은 장은 물론 전체적인 건강을 유지하는 방법이다. 장내 유익균의 성장에는 프리바이오틱스가 프로바이오틱스에 비해 더 유용한 편이다. 직접 유익균을 섭취해도 대장까지 도달하는데 어려움이 많기 때문에 이미 장 속에 살고 있는 유익균의 성장을 돕는 프리바이오틱스 성분을 섭취하는 게 효과적이다.

모든 유산균의 먹이는 포도당이다. 1~2개의 포도당이 모인 단당을 섭취하면 소장에서 흡수돼 유산균이 있는 대장까지 갈 수 없다. 올리고당은 포도당에 과당이 결합한 다당류(포도당 3~10개)다. 이 올리고당은 소장과 맹장을 거쳐 대장까지 가서 유산균의 먹이가 된다. 올리고당이 포함된 음식이 바로 프리바이오틱스다.

대장의 끝부분까지 유산균의 먹이가 내려가려면 20개에서 수십 개에 이르는 포도당 덩어리인 이눌린이 필요하다. 천연 인슐린으로 불리는 이눌린은 포도당이 11개 이상 모인 다당류의 일종으로 혈당 조절을 돕는다. 이눌린을 먹게 되면 대장 끝까지 이동을 하여서 유산균의 먹이가 된다. 장의 건강을 유지하려면 유산균 프로바이오틱스는 물론, 대장 속 미생물의 먹이가 되는 올리고당과 이눌린 같은 프리바이오틱스를 함께 섭취해야 해야 한다. 그래야 유익균이 증식하여 장이 건강해질 수 있다.

프리바이오틱스를 함유한 식품은 섬유질이 풍부한 음식이다. 통밀, 우엉, 아스파라거스, 양파, 굴양파, 마늘, 콩, 검은 바나나(껍질 색이 검게 변한)돼지 감자. 귀리, 고구마, 부추 등이다. 우엉, 고구마, 바나나는 독소 배출에 탁월한 효과가 있는 프리바이오틱스다.

귀리(오트밀)에는 베타글루칸 합성물질이 고농도로 들어 있다. 베타클루칸은 다른 시리얼 곡물류인 보리와 효모, 버섯, 해조류에서도 발견된다. 부추(리크)에는 천연 프락토올리고당이 풍부하다. 커피 대용물로 쓰이는 치커리 뿌리는 이눌린과 프리바이오틱스를 포함한 건강한 식품이다. 하지만 너무 많이 먹으면 이눌린이 위 장관 문제를 일으킬 수 있다. 김치는 프로바이오틱스이자 프리바이오틱스 음식이다. 각종 양념에 프리바이오틱스가 다 들어간다.

젖산염과 단쇄지방산 음식

단쇄지방산(SCFAs)은 장의 유익균이 만들어내는 체외 효소다. 짧은고리 지방산이라고도 한다. 단쇄지방산의 유기산 작용은 대장의 기능 중 가장 최근에 밝혀졌다. 단쇄지방산은 아세트산, 프로피온산, 부티르산 등 탄소 수 6개 이하로 구성된 유기산으로 포화지방산에 속한다. 모유의 올리고당이나 섬유질 음식 등을 섭취하면 질 좋은 탄수화물이 소장을 지나 대장까지 내려간다. 대장의 유익균은 질 좋은 탄수화물을 먹는다. 이때 대사산물로 생기는 물질이 단쇄지방산이다.

단쇄지방산은 장 내부가 발효 상태일 때 많아진다. 질 좋은 탄수화물을 섭취한 장내 유익균은 단쇄지방산을 잘 만들어낸다. 장내 환경의 좋고 나쁨의 기준이 되는 단쇄지방산은 면역력 증강, 건강 향상과 유지에 중요한 역할을 한다.

먼저, 단쇄지방산의 95퍼센트는 대장 점막의 에너지원이 된다. 대장 점막으로 흡수돼 모든 소화관과 전신의 장기 점막상피세포 형성과 증식에 관여한다. 만약 단쇄지방산이 없으면 대장 벽을 유지할 수 없다. 부족하면 점막에 틈이 생겨 인체에 세균의 침입이 쉬워진다. 장 누수로 인한 각종 질병에 노출될 수 있다.

또 단쇄지방산은 점액 분비작용으로 건강을 지킨다. 침, 눈물, 콧물 같은 체액을 만든다. 만약 부족하면 위액, 장액, 췌장액, 담즙 등이 제대로 분비되지 않는다. 위 점액이 부족하면 위의 벽은 강력한 염산에 의해 구멍이 뚫린다. 위궤양이 생기는 것이다.

단쇄지방산은 세포 내 미토콘드리아에도 작용해 에너지의 활성화를 촉진시킨다. 또 장의 산도를 약산성으로 만들어 살균력을 높인다. 단쇄지방산 가운데 부티르산은 항암효과가 있다. 암의 세포자살에도 관여해 건강한 조직을 지킨다. 젖산염(lactate)은 모유를 먹은 아기의 장 미생물이 만들어낸 4번째 단쇄지방산이다. 대장 세포의 먹이가 되고, 면역체계 발달에도 중요한 역할을 한다. 단쇄지방산을 얻는데 도움이 되는 식품은 미역, 다시마 등과 같은 해조류다. 수용성 식이섬유가 많은 사과, 바나나 등의 과일도 유용하다. 버섯류, 통곡류, 감자, 양파, 파, 마늘 그리고 천연발효초와 김치 등 발효식품도 단쇄지방산을 늘려준다.

임신 우울증과 장내미생물

장은 긴 관으로 이루어져 있다. 장은 흔히 장기의 내부로 인식되지만 의학적 관점에서는 피부와 마찬가지로 신체 외부에 속한다. 장에는 미생물인 장내세균이 살고 있다. 세균은 인체에 속한 미생물이 아니라 인체와 공생하는 존재로 '제 3의 장기'로 불린다.

장내세균은 임신성 우울과 산후우울 연관 호르몬인 도파민과 세로토닌을 뇌로 보내는 작용을 한다. 뇌에서 기분을 조절하는 대표적 호르몬인 세로토닌은 장내에 특정 내분비 세포인 장내세포에서 90퍼센트 가량이 만들어진다. 이 상태는 뇌에서 호르몬 작용이 가능한 완전체가 아니다. 특정 물질이 생성되기 전의 단계인 전구체 형태다. 전구체를 뇌까지 전달하는 일을 장내세균이 한다. 전구체가 뇌에 보내져야 도파민과 세로토닌 호르몬 작용이 일어나 행복감을 느낄 수 있다. 장내세균 중 유익균 비율이 높아야 행복감이 높아진다. 반면 유해균이 많아지면 전구체 전달이 적거나 이뤄지지 않아 우울해진다.

장내 환경은 장내미생물의 영향을 받는다. 이에 따라 장내 환경이 우울, 불안, 자폐증상 같은 정신건강과 연관성을 밝히는 연구가 꾸준히 이어지고 있다. 발효음식을 꾸준히 섭취한 자폐 환자의 증상이 개선되었다는 연구 결과도 나오고 있다. 장내미생물의 분비물이 면역세포를 자극, 뇌에 영향을 주는 신호 분자인 사이토카인 분비를 촉진한다는 연구도 보고되고 있다. 따라서 생물의학계에서는 '장-뇌 커넥션'이라는 새로운 용어도 등장했다. 우울감을 날리려면 장내 유익균을 늘리는 음식을 먹는 게 좋은 방법이다.

4

양육과 애착태교

신생아의 이사와 행복

신생아는 생후 4주까지의 아기다. 모체에서 벗어난 신생아는 스스로 호흡하고 영양을 섭취한다. 지극히 여리고 적응 능력도 낮다.

이처럼 연약한 신생아가 세상에 첫 발을 내디디면서 이사를 경험한다. 이리저리, 이 사람 저 사람에게로 이동한다. 따뜻하고 포근한 엄마 품에서 벗어난 신생아가 처음 본 세상은 어떤 모습일까. 푸르고 아름다운 하얀 별천지만은 아닐 것이다. 약하다 못해 연하디 연한 신생아가 처음 직면한 곳은 병원 분만실이다.

분만실에서 신생아실로 다시 산후조리원으로, 집으로 옮겨간다. 분만실이나 수술실에서 지구의 빛을 본 아이는 첫 여행을 낯선 이와 한다. 엄마의 동행 없이 간호사와 함께 신생아실로 들어간다.

먼저 온 친구들이 울음으로 인사한다. 신생아를 돌보는 손길이 매번 다르다. 신생아는 어색함 속에 하루하루 적응한다. 뱃속에서 삶처럼 살아가는 법을 익힌다. 어느 순간 익숙한 냄새가 나고, 정겨운 목소리가 들린다. 엄마다. 그러나 기쁨도 잠시, 엄마는 금세 사라진다.

엄마는 몸조리를 위해 산후조리원으로 간다. 또 다시 이사다. 느낌은 다르지만 여전히 친구가 많다. 엄마와 함께 보내는 시간이 그리 길지 않다. 엄마가 그립다. 신생아는 적응하기 위해 노력한다. 때론 너무 힘들어 운다. 울다가 지쳐 잠든다.

드디어 집에 간다. 아기는 또 다시 이사를 한다. 세상에 태어난 커다란 충격에 이어 잦은 환경변화는 스트레스를 가중시킨다. 뱃속과는 다른 환경, 엄마의 부재는 불안감을 증폭시킨다.

그러나 신생아의 입장에서는 불편함, 불안함의 연속일 수 있다. 적응시간도 부족한 가운데 이사하는 신생아에게 쌓이는 것은 스트레스다. 어른은 아이를 위한 이사를 선택했다. 그러나 이 과정에서 소외된 아기는 낯설고 불안할 뿐이다.

아기는 포근한 엄마 품을 원한다. 아빠의 넓은 가슴을 찾는다. 따스한 엄마 품에서 사랑을 확인하고, 고동치는 아빠의 심장에서 안정감을 찾는다. 아기를 맞이하고, 양육할 때는 어른 입장이 되어서는 안된다. 아기의 눈높이에서 보고, 아이의 입장에서 생각하고 행동해야 한다.

출산 후에도 임신 때처럼 아기와 함께하는 시간을 많이 가져야 한다. 한 몸처럼 교감해야 한다. 아이가 차츰 환경에 적응하도록 돌봐주어야 한다. 이것이 바람직한 양육이다. 부모와 아기가 스킨십으로 공감하고 교감할 때 바른 양육이 된다. 행복한 아이로 성장 가능성이 높다.

아기의 생활 패턴은 먹고, 놀고, 잠자기다. 신생아 때는 수유 시간외에는 대부분 잠에 빠져 있다. 신생아기를 벗어나면 먹고 놀다 잠들기의 패턴을 보인다. 물론 잠투정이 심한 아기는 잠들기 전에 보채는 경우도 많다. 엄마는 고민할 수 있다. "왜 먹었는데 바로 안 잘까? 더 먹여야 하나?"

그러나 아기는 먹고 수면을 취하지 않을 수도 있다. 깨어있으면서 움직이고, 듣고, 접촉하고, 맛보는 등 오감 활동을 한다. 성장하는 과정이다. 아주 느린 속도로 생각되지만 아기에게는 급격한 변화를 일으키는 빠른 속도일 수도 있다. 아기가 충분하게 논 뒤 잠드는 게 가장 이상적이다.

엄마와 아빠는 생각해야 한다. "아이가 무엇을 원하는 걸까." "이 상황에서 아이는 어떤 느낌일까." "아이가 왜 이런 행동을 할까" 등이다. 부모는 이런 고민할 때 누군가가 바로 답을 주길 간절히 원한다. 답은 사실 아기에게 있다. 눈높이를 아기에게 맞추고, 아기 입장에서 생각하려 노력해야 한다. 안개 속에 있는 것 같은 아기의 모습이 선명해지고 맞춤 육아를 할 수 있게 된다. 이때는 엄마도 행복하다.

하지만 일부 엄마는 어른 입장에서 판단하고 고민한다. 그렇기에 육아가 더 어렵게 느껴지는 것인지 모른다. 아기와 함께 하는 시간을 많이 만들자. 아기를 바라보며 많이 웃어보자. 부드러운 목소리로 아기에게 말을 하자. 사랑스런 눈빛으로 아기를 보자. 그러면 아이도 엄마도 행복해진다.

임신 전에 하는 태교

태교(胎教)는 임신에서 출산까지의 태중 교육이다. 태교는 임신 준비 과정도 포함된다. 임신 전의 신체와 정서 상태가 임신 후 태아에게 미치는 영향이 크기 때문이다.

육체와 정서적으로 건강한 아이는 엄마 아빠의 건강성과 연계된다. 부모가 몸을 체계적으로 관리한 후 임신을 하면 임산부와 태아 모두의 건강에 도움이 된다. 임신 전 노력이 건강한 아이 출산 확률을 높인다. 이것이 넓은 의미의 태교의 시작이다.

건강한 유전자 재조합은 부성유전자와 모성유전자가 온전히 건강해야 가능하다. 유전자는 조합 과정에서 다양한 변수에 의해 변형될 수 있다. 인체 세포는 아주 섬세하고 예민하다. 그만큼 행동이나 말에 의해서도 영향 받을 가능성이 있다. 생명 탄생은 작은 세포인 정자와 큰 세포인 난자의 만남으로 이루어진다. 건강한 난자와 정자의 성숙은 임신 전부터 생활습관과 건강관리의 필요성을 말한다.

예부터 아기를 잉태할 여성은 항상 몸가짐에 신경써야 한다고 말한다. 그리고 특히 임신을 준비하는 기간은 더하다. 자궁과 난자의 건강함을 유지하기 위한 행동이다. 남성의 정자는 약 3개월 동안 성숙과정을 거치는 생명력을 가지고 있다. 이 기간에 건강한 정자를 생성해야 한다.

건강한 정자를 만들기 위한 대표적 생활 태도는 다음과 같다. 첫째, 고환이 들어있는 음낭을 항상 시원하게 유지한다. 장시간 의자에 앉아 있기보다 몸을 움직여 통풍이 잘 되도록 한다. 타이트하게 쪼이는 속옷이나 바지 착용은 삼간다. 둘째, 적정 체중 유지를 위해 운동을 한다. 비만도 불임의 원인이 된다. 셋째, 금주, 금연 뿐 아니라 균형 잡힌 식습관을 갖는다. 과도한 음주와 흡연은 정자의 운동성을 약화시킬 수 있다.

정자와 난자의 수정은 역할 분담으로 이루어진다. 정자 크기는 작지만 활동적이다. 난자는 활동성은 떨어지지만 생명 발생에 필요한 에너지를 공급한다.

1개의 난자에는 약 10만 개의 유전정보를 보유한 미토콘드리아가 있다. 미토콘드리아는 세포의 에너지 발전소다. 정자는 보통 100개 이하의 미토콘드리아를 가지고 있다. 그러나 수정 과정에서 떨어져 나가 영향력이 거의 없다. 엄마와 아빠의 다른 유전자들은 절반씩 아기에게 전달된다. 이에 비해 미토콘드리아는 난자에서만 아기에게 전해진다. 미토콘드리아 DNA는 모계 유전이다. 난자에 있는 미토콘드리아의 건강이 태아의 건강을 좌우하는 것이다.

미토콘드리아는 유전 요소와 함께 환경 영향도 받는다. 환경에 의해 수가 줄거나 변형될 수 있다. 그렇기에 임신을 준비하는 3개월 전부터 몸 관리를 하는 게 바람직하다.

예를 들어 직접흡연은 물론이고 간접흡연도 피하도록 한다. 한 방울의 알코올도 섭취하지 않아야 한다. 영양적으로 균형 잡힌 식사습관을 가져야 한다. 인공 색소가 많이 첨가된 인스턴트 음식이나 가공식품을 피하는 것이 좋다. 스트레스를 줄이는 방안도 찾아야 한다. 취미생활이나 여가활동을 통해 마음을 평온하게 하는 게 좋다.

충분한 수면도 필수다. 건강한 몸을 유지하기 위해 꾸준히 운동해야 한다. 무분별한 약 복용은 삼가야 한다. 엽산 부족도 확인하면 좋다. 엽산 섭취가 적으면 혈액의 호모시스테인 농도가 진해져 기형아 출산 가능성이 높아지기 때문이다.

임신 전에는 다양한 산전검사를 받아야 한다. 산전검사에서는 자궁과 난소의 건강성, 태아에의 영양 공급, 빈혈 유무 등을 확인한다. 특히 풍진은 임신 초기에 발병하면 태아에 악영향을 주므로 임신 전 항체검사는 필수다.

몸 관리와 함께 정신도 맑게 한다. 옛 어른들은 새벽에 정안수를 떠 놓고 기도했다. 몸과 마음을 맑게 하는 삶을 산 것이다. 임신을 생각하면 생활패턴을 점검해야 한다. 몸을 바르게 하고, 긍정의 삶, 감사의 표현을 하면 좋다. 이것이 임신을 준비하는 태교다.

태아와 엄마의 280일 인생 여행

5억대 1의 경쟁률, 30억 배의 성장, 280일의 여행…. 경이로운 생명체인 태아의 인생 일기다. 정자는 한 번 사정에 최고 5억 마리가 배출된다. 그 중의 하나가 배란 난자를 만나 수정된다. 5억 마리의 정자 중 단 한 둘만 이 생명체 탄생의 기회를 얻는다. 태아로 수정될 확률이 5억분의 1인 셈이다.

수정란의 처음 무게는 백만 분의 1그램이다. 수정란은 자궁에서 영양을 공급받으며 폭풍 성장한다. 출산 직전 무게는 3킬로그램 전후다. 자궁에서 무려 30억 배의 발육을 한 것이다.

백만 분의 1그램인 수정란은 266일 동안 자궁에서 미래를 꿈꾸기 시작한다. 임신 기간은 수정일로부터 평균 266일로 38주다. 월경 후 배란과 수정까지 약 14일이 걸린다. 태아가 고고성을 터뜨리며 세상에 나오는 날은 마지막 월경의 첫날에서 280일로 40주 후다. 태아는 엄마와 280일의 태중 여행을 하는 것이다.

새 생명은 자궁에서 엄마와 동행한다. 엄마의 몸은 생명을 건강하게 양육하도록 변화한다. 50~60그램인 자궁이 1000그램 정도로 커진다. 확장 복부를 지탱하기 위해 등, 엉덩이, 허벅지 근육이 단련된다. 배의 당김과 허리의 결림 증상이 나타난다.

제2의 태반인 유방 사이즈가 한 단계 이상 커진다. 출산 후 아기의 영양 섭취와 건강을 책임지기 위함이다. 또 한 치의 오차 없이 탄생된 생명에게 젖을 내어준다. 엄마는 몸의 변화를 인내하며 행복해 한다. 생명 초대와 태아 성장의 경이로움에 전율의 행복을 느낀다.

아기의 유전 형질은 수정 순간 결정된다. 정자와 만난 난자는 세포분열이 일어나며 7일의 여정 끝에 자궁에 도착한다. 수정된 난자는 자궁 내막에 뿌리를 내리고 착상된다. 자궁내막 건강도에 따라 수정란에 공급되는 세포와 혈액 등 영양적 질은 달라진다.

수정란은 2주째에 세포 분화한다. 태아와 양수를 감싸는 양막과 혈구를 만드는 난황낭, 태반으로 발달한다.

수정 3주째는 머리와 꼬리뼈의 모습이 보이는 길쭉한 형태로 발달한다. 이때부터 본격적으로 엄마와 동행하는 태아의 모습을 엿볼 수 있다.

6주째 태아는 아주 작은 팥알만 한 크기로 해마와 같은 형태다. 머리는 눈과 귀의 원형만 있다. 머리와 팔과 다리가 될 싹, 목, 뇌 그리고 완성되지 않았지만 박동하는 심장이 있다. 엄마는 생리가 멈춘 것을 알게 된다. 감기 걸린 느낌의 미세한 몸의 변화를 직감한다.

7주째 태아는 새끼손가락의 손톱만큼 성장한다. 4개의 방을 가진 완성된 심장이 고동치며 비강, 입술, 혀 등이 관찰된다. 팔과 다리 부분이 뻗어 나오며 아기다운 몸의 모양으로 발달한다.

8주째 태아는 우주인이 무중력 상태로 유영하는 것처럼 양막 안에 떠 있다. 혈액을 내보내는 심장의 강력한 펌프질이 있고, 머리에는 모세혈관이 희미하게 보인다. 몸에 비해 거대한 머리와 왕방울만큼 큰 눈과 눈

꺼풀, 귀가 있다. 길어진 팔과 다리를 움직이지만 엄마는 눈치채지 못한다. 엄마는 입덧으로 태아의 소식을 몸으로 감지할 뿐이다.

12주째 태아의 내장은 부분적으로 일을 시작한다. 남과 여로 구분될 생식기도 발달을 시작한다. 손가락, 발가락의 형태가 만들어진다. 팔과 다리를 이용하여 수영하듯 양수 속을 떠다닌다. 양수를 마시고 뱉고, 방광 통해 배설하기를 반복한다. 태아에게 영양 공급하고 노폐물 배출하는 태반의 기능이 본격적으로 시작된다. 엄마는 주먹만큼 커진 자궁으로 잦은 소변 마려움을 느낀다. 질 분비물이 늘어나고, 서서히 입덧이 가라앉음을 느끼게 된다.

16주째 손바닥만한 작은 태아지만 얼굴은 인간다움이 물씬 풍기게 된다. 섬모라는 솜털로 몸이 뒤덮여 있다. 엄마는 몸 깊은 곳에서 생명의 움직임을 확실히 느낄 수 있다. 태아가 태동으로 비로소 존재를 드러낼 때 고요하던 엄마의 심장은 환희와 기쁨으로 터져오를 듯하다.

20주째 태아는 약 25센티미터, 250그램 정도로 쑥 성장한다. 두 손 모아 양손에 아기를 담을 정도 크기다. 속눈썹이 있고 머리카락이 나오기 시작한다. 간혹 손가락을 빨기도 한다. 엄마가 편히 쉬는 시간은 태아에겐 최상의 놀이 시간이다. 엄마가 바쁘게 움직이면 자궁은 부드럽게 흔들리는 효과가 있다. 태아는 아늑한 잠의 세계로 빠진다.

24주째 태아는 30센티미터 정도로 성장하다. 크림 같은 태지가 태아의 피부를 보호하고 양수에 의해 몸이 붇지 못하게 전신을 덮고 있다. 태아의 청각 발달로 외부에서 전달되는 소리에 반응한다. 목소리나 음악을 들려줄 때 태동으로 반응하는 태아를 볼 수 있다. 사람마다 음성지문이 있다.

이 시기에 엄마 아빠의 음성을 많이 들려줄 필요가 있다. 태아와 대화를 많이 해야 한다. 아기의 뇌에 엄마 아빠의 음성지문이 저장되기 때문이다.

28주째 태아는 약 40센티미터, 1.5킬로그램 정도로 성장한다. 자궁의 대부분 공간을 차지할 정도이고, 몸을 180도 회전하기도 한다. 배에 손을 대면 태동을 느낄 수 있다. 태아의 움직임이 그만큼 크다.

32주째 태아는 폐 기능이 완전하지는 않지만 탄생 준비를 어느 정도 마친 상태가 된다. 태아가 갑자기 바르르 떨면서 경련과 같은 움직임을 보이기도 한다. 이것이 딸꾹질로, 횡격막의 수축적 운동이다. 정상적인 태아의 움직임이다.

36주째 태아는 머리를 골반내로 하강하여 끼이게 된다. 한 가지 자세에 익숙해진다. 태아의 움직임이 다소 제한되므로 태동이 약간 감소한다. 태아의 피부는 매끄럽고 통통해진다. 엄마의 배가 아래로 처져서 호흡하기 편해진다. 대신 잦은 소변 마려움과 아랫배의 뻐근한 통증이 느껴진다.

40주째 2.5~5킬로그램, 44~55센티미터 정도의 사랑스런 태아가 드디어 세상 밖으로 나갈 예정일이다. 몸 전체를 덮고 있던 솜털은 많이 빠진다. 귀나 이마, 등 쪽에 약간 남아 있다. 태아는 사랑 그 자체로 빛나고 있다.

부모의 사랑으로 생명 초대된 태아의 280일은 엄마와 동행하며 세상을 만날 준비를 했다. 엄마도 몸의 변화를 겪으면서 매 순간마다 무럭무럭 자라나는 생명의 신비를 경험한다. 아기에게 더 큰 사랑을 전할 준비도 한다.

엄마의 280일은 건강한 몸과 감사하는 맘, 행복한 아기맞이 기간이다. 엄마의 행복이 가장 바람직한 태교다.

초보 엄마가 알아야 하는
신생아 반사 행동

초보엄마는 불안하고 궁금하다. 갓난아기의 메시지를 도통 읽을 수가 없다. 신생아는 세상을 향해 첫 울음을 터뜨린 후 여러 행동을 한다. 엄마는 이때마다 걱정스럽다. "왜 이렇게 할까", "원하는 게 무엇일까", "어떡하지, 뭘 해줘야 할까" 등의 생각으로 혼란스럽다. 신생아는 말을 하지 못한다. 엄마는 오로지 스킨십으로, 마음으로 아기와 대화해야 한다.

엄마 뱃속에서 갓 나온 신생아는 생존 본능이 있다. 또 생물학적, 신경학적 발달 미숙도 겹쳐 30~40개의 반사 행동을 한다. 신생아는 필요에 따라, 원하는 신호를 주위에 보낸다. 이것이 생애 초기에 보이는 자동적이고 무의식적인 행동인 신생아 반사다. 신생아의 첫 운동은 대부분 반사 행동으로 이루어진다. 엄마는 아기가 자주 보이는 반사 행동을 제대로 해석해야 한다. 이것이 아기를 바르게 양육하기 위한 초보엄마의 덕목이다.

태아는 태반과 연결된 탯줄로 산소를 포함한 영양공급을 받는다. 스스로의 노력 없이 성장한다. 그러나 엄마의 몸 밖으로 나오는 순간 상황이 달라진다. 스스로 살아야 한다. 입을 벌리고, 혀를 움직이고, 스스로 젖을 빨아 영양을 섭취해야 한다. 이를 위해 엄마와 280일 뱃속 동행에서 연습을 했다. 입을 벌려 양수를 삼키고, 손가락을 빨았다. 출생 후 젖을 물고, 삼킬 수 있도록 생존본능인 젖 찾기 반사(rooting reflex)와 빨기 반사(sucking reflex)를 발달시킨 것이다.

아기의 입 주변을 톡톡 자극하면 아기는 고개를 자극 방향으로 돌린다. 입을 벌리고, 입술을 오물거리고, 혀를 움직인다. 무엇인가를 먹고 싶은 듯한 행동을 보인다. 아기가 배고픈 것으로 여길 수 있는 상황이다. 엄마는 수유를 생각할 수 있다. 그런데 아기는 깨어 있는 대부분 시간에 이같은 반응을 한다. 이때마다 수유하면 아기는 아주 심한 비만아가 될 것이다.

모유를 수유하고 있는 산모에게 상담전화가 왔다. 상담을 하다보면 서론 없이 바로 본론으로 들어가는 경우가 많은데 이번에도 예외는 아니었다. "선생님, 아기가 먹을 생각을 안 해요. 언제 먹여야 할까요?" 뜬금없는 질문에 "아기가 전혀 먹으려 하지 않나요?"라고 되물었다. "전에는 입 주변을 자극하면 입술과 혀를 움직여서 그때마다 수유를 했어요. 그런데 지난주부터는 자극해도 반응을 잘 안 해요. 왜 그럴까요? 멘붕이에요. 도와주세요."

잠시 생각 후 물었다. "아기가 100일이 조금 지났지요." 이 한마디에 "어떻게 아세요. 말씀을 안 드렸는데"라는 답이 온다.

"입 주변을 자극해서 젖을 찾는 것처럼 반응하는 행동은 출생 3개월 이후 사라지는 반사 행동이에요. 이 시기에 아기가 자극에 반응을 보이지 않는 것은 당연한거죠."라고 대답하였다. 또 다시 "그럼 언제 먹여야 하나요?" 나의 답은 간단했다. "아기가 배고프면 젖 달라고 신호를 보냅니다. 아마 3~5시간 간격으로 수유하고자 할 거에요."

그리고 마지막 질문을 했다. "아기 체중은 출생 시 기준으로 얼마나 늘었나요?" 수유모는 태어난 몸무게에서 3.5킬로그램 정도 늘었다 했다. 이는 체중이 정상적으로 잘 늘었고 수유도 잘 하고 있다는 의미라고 격려해 주었다.

그녀의 목소리는 살아났다. "잘 먹던 아기가 먹을 생각이 없는 것 같아서 살이 빠질까봐 걱정이었어요. 이제 안심이에요. 선생님 감사합니다."

위의 상담 사례처럼 아기가 생후 3~4개월이면 점차 젖 찾기와 젖 빨기 반사 작용이 사라진다. 아기가 반사에 의존하지 않고 스스로 젖을 찾고 물고 빨 수 있는 능력이 생긴 결과다. 또 소화기관이 발달하면서 수유 간격이 벌어지는 것도 원인이다.

신생아는 젖 찾기 반사, 빨기 반사 외에도 여러 반사 행동을 보인다. 아기는 고사리 같은 손을 욕심꾸러기처럼 한껏 움켜쥐고 있다. 이것이 쥐기 반사(grasping reflex)다. 아기 손을 만지면 어느새 손가락을 펼쳐 엄마의 손가락을 냉큼 꽉 잡고 놓아주지 않는다. 엄마는 행복하다.

아기는 스스로 기거나 걸을 때까지는 의존해야 한다. 누군가에 매달려 함께 움직일 수밖에 없다. 본능적으로 잡아야 한다. 갓 태어난 아기의 잡고 매달리는 능력은 놀랄 만하다. 잠시 동안 두 손으로 아기 자신의 몸을 지탱하면서 매달릴 수 있다. 아기는 손끝 소근육이 점차 발달하는 3~4개월 무렵부터는 의식적인 쥐기 행동을 보인다.

모로 반사(moro reflex)도 신생아에게 자주 나타난다. 아기가 스스로의 움직임이나 외부의 소리에 놀란 것처럼 두 팔을 허공으로 벌리는 행동이다. 놀람 반사(startle reflex)라고도 한다.

이런 모로 반사로 인해 아기는 놀라서 잠에서 깨거나 우는 경우가 많다. 이럴 때는 두 팔을 속싸개 안에 넣어 가볍게 싸주면 훨씬 편안해 한다. 속싸개로 아기를 감싸는 이유 중 하나가 모로 반사로부터 아기를 진정시키기 위함이다.

모로 반사 행동이 없으면 신경계 손상을 의심할 수 있다. 모로 반사 행동은 아기의 신경결함을 알아보는 반사로 보통 4개월 전후로 사라지기 시작한다.

갈란트 반사(galant reflex)도 있다. 수유 직후 아기를 세워 안고 등을 토닥이거나 쓸어준다. 이때 자극이 주어진 쪽으로 아기가 하체를 구부리거나 움츠린다. 이 같은 반응이 갈란트 반사로 생후 4~6개월 동안 지속되다 서서히 사라진다.

바빈스키 반사(babinski reflex)는 아기의 중추신경계 정상 여부를 알 수 있는 지표다. 아기의 발바닥을 뒤꿈치 쪽에서 발가락 쪽으로 쓸어주면서 자극하면 엄지발가락은 위쪽으로 움직인다. 나머지 네 개의 발가락은 활짝 펼쳐지면서 아래를 행한다. 이 같은 행동이 바빈스키 반사로 생후 6개월부터 서서히 사라진다.

걷기 반사(stepping reflex)는 출생 직후부터 나타난다. 아기의 발바닥이 바닥에 닿으면 오른발과 왼발의 무릎을 교대로 굴곡 시켜 마치 걷는 것처럼 보인다. 보통 4~5개월 후 사라진다.

신생아에게서 보이는 반사행동으로 건강상태를 파악한다. 여러 가지 반사행동은 시간이 지나면서 자연스럽게 사라지거나 자발적인 운동으로 발달한다. 어른의 눈에는 아기가 잠만 자는 것처럼 보일 수 있다. 그러나 아기는 삶에 적응하기 위해 매 순간 조금씩 정교해지고, 자립을 위해 계속 발전하고 있다.

가슴으로 품는 애착육아,
캥거루 케어

태아는 뱃속에서 사랑과 관심 그리고 보호를 받았다. 태아에서 신생아로 세상에 나서면 엄마 뱃속과는 다른 삶에 적응해야 한다. 엄마의 몸에서 분리돼 스스로 호흡하고 영양섭취를 한다. 체온 유지를 위한 조절도 한다. 그러나 모든 게 미숙하다. 아기의 심리적 안정과 생명 보호를 위해 특화된 돌봄이 필요하다. 엄마의 품이 아기에게는 제 2의 자궁과도 같은 곳이다.

캥거루가 새끼를 주머니에 품듯이 엄마는 신생아를 가슴에 품고 피부 접촉을 한다. 부모의 품은 갓 태어난 신생아에게 있어서는 체온 조절 장치인 인큐베이터와 같다. 아기가 태어나자마자 첫 울음과 동시에 엄마의 품으로 파고든다. 출산 과정에서 느낀 공포와 무서움, 지친 몸을 쉬며 위로 받는다. 엄마의 살 냄새와 가슴의 온기, 심장 박동소리를 들으며 안도한다.

태교 육아 전문가인 이순주 간호사는 태어나자마자 캥거루 케어를 받았다. 1970년 추운 겨울, 가난한 농가에 넷째아이가 세상에 나왔다. 아들 셋에 이은 딸이다. 딸을 기다렸던 부모님은 무척 기뻐하셨다. 그러나 기쁨은 잠시였다. 달을 다 채우지 못하고 나온 아기는 울음이 약했다. 호흡을 제대로 못해 피부가 거무스름하고, 몸집은 작고, 팔다리는 앙상한 나뭇가지와 같았다.

"어떻게 얻은 딸인데, 과연 살 수 있을까." 엄마의 걱정은 찰나였다. 눈물 흘릴 틈도 없이 본능적으로 아기를 품에 안았다. 그 위에 두꺼운 솜이불을 뒤집어썼다. 엄마와 아기는 오랫동안 다시 한 몸이 되었다. 3일 동안 꼬박 품에 안고, 젖 물리고, 재우기가 반복됐다. 차츰 아기의 심장이 활기차게 뛰었고, 온기가 작은 몸 전체로 퍼졌다. 그제야 긴장이 풀리고 출산의 피로를 느낀 엄마는 행복의 전율을 느끼며 잠에 빠져들었다. 이순주는 영아 시절에 엄마 품에서 받은 캥거루케어를 전파한다.

캥거루 케어는 1908년 콜롬비아의 소아과 의사 에드가 레이 산나브리아 박사에 의해 널리 알려졌다. 그는 열악한 환경에서 태어난 영유아의 사망률 증가, 느는 양육 포기 현실 대안으로 캥거루를 연구했다. 신생아도 캥거루처럼 엄마 품속에 안겨 심장박동을 듣고 체온을 온 몸으로 느끼면 심리적으로 빠른 안정을 찾을 수 있다는 것을 알았다. 살을 부비며 젖을 빠는 것이 아기 건강 회복과 엄마의 모성애가 더욱 견고해짐을 확인했다.

2011년 한 방송에서 죽었다 살아난 아기가 소개됐다. 영국에서 27주 만에 태어난 미숙아 쌍둥이 중 한 명이 출생 20분 만에 사망선고를 받았다. 엄마는 죽은 아기에게 작별하는 의미로 계속 가슴에 품고 안아주었다. 그런데 다시 심장이 뛰고 호흡이 돌아왔다. 캥거루 케어의 기적인 것이다.

우리나라도 서울대학교병원을 비롯한 전국의 대형 병원 신생아 집중치료실에서 캥거루 케어가 확산되고 있다. 캥거루 케어법은 다음과 같다.

엄마 맨살 품에 아기의 맨 몸을 그대로 안는다. 엄마 상의의 여밈을 채우고, 담요나 포대기 혹은 천으로 아기를 다시 감싼다. 아기와 엄마가 한 몸이 된다.

아빠도 캥거루 케어에 동참할 수 있다. 아기는 엄마와 다른 아빠의 체취를 느낄 수 있다. 엄마도 잠시 휴식을 취할 수 있다. 캥거루 케어는 미숙아에게 많이 적용된다. 또 만삭아도 컨디션에 따라 캥거루 케어가 필요하다. 모든 아기의 회복에 도움이 된다.

미국 하버드 공중보건대학 엘렌 바운디(Ellen O. Boundy) 교수팀은 2014년 캥거루 케어와 신생아 예후의 관계를 평가했다. 연구팀은 총 1035개의 논문에서 캥거루 케어의 효과를 확인했다. 재태 기간 37주를 채우지 못한 조산아 또는 2500그램 이하의 저체중아가 주 대상이었다. 하루 4시간 미만부터 22시간 이상까지 여러 시간 동안의 캥거루 케어를 분석했다.

그 결과 2000그램 이하의 저체중아 중에서 캥거루 케어를 적용받은 아기들은 조기사망 위험이 36퍼센트 감소, 신생아 패혈증 및 재입원율 역시 절반 가까이 감소, 저체온증과 저혈당증도 각각 78퍼센트와 88퍼센트 감소됐다. 반면 완전 모유수유에 성공할 확률은 50퍼센트 증가하는 경향을 보였다

연세대 이순민 교수팀은 2012~2013년에 캥거루 케어를 받은 미숙아 45명과 캥거루 케어를 받지 않은 68명(출생체중 1500그램 미만)을 비교했다. 그 결과 캥거루 케어를 받은 미숙아의 입원기간은 평균 84.2일로 캥거루 케어를 받지 않은 미숙아(98.5일)에 비해 14.3일 짧았다. 캥거루 케어를 받은 아이의 퇴원 때 평균 체중도 2310그램으로 캥거루 케어를 받지 않은 아이보다 160그램 많았다.

아기가 성장해 가면서 피부접촉이 줄어든다. 그럴수록 엄마는 아기를 품에 안고 볼을 부비는 등 접촉시간을 늘려야 한다. 애정표현 시간이 많을수록 아기는 잘 먹고 안정감 있게 잘 자란다. 애정이 안정적인 애착으로 커진다.

육아는 스킨십이 중요하다. 서로 살을 맞대고 함께 하는 시간이 많을수록 아기도 부모도 서로를 더 이해하고 안정감을 느낀다. 부모와 자녀의 안정적인 애착이 형성되는 것, 그것이 바로 양육 관점에서 본 태교다.

포대기 육아와 애착이론

우리나라의 전통 아기 돌봄 기술에 포대기 육아가 있다. 포대기는 뱃속에서 자란 아기를 다시 엄마와 한 몸이 되게 한다. 포대기속의 아기는 엄마의 온기와 숨소리를 듣고, 안전함을 느끼고, 잠을 자고, 수줍은 눈으로 세상을 빼꼼이 바라볼 수 있다. 아기는 정서적으로 생후 24개월 동안이 그 어느 시기보다 중요하다. 이때 포대기 육아는 애착관계에 큰 영향을 미친다. 또 엄마와의 경험을 공유하고, 상호작용을 한다. 포대기는 아이가 태내에 있을 때와 비슷한 느낌을 갖게 한다. 포대기에 안긴 아기는 울거나 칭얼거림이 유모차에 탄 아기보다 절반 정도가 낮다. 스트레스가 적은 아기는 뇌 발달에도 유리하다. 등에 업힌 아기는 엄마의 보살핌을 본능으로 느낀다.

포대기 육아는 아기를 의존적이게 할 가능성을 걱정할 수도 있다. 그러나 현실은 그렇지 않다. 엄마가 다른 사람과 대화하고, 해결하는 방법을 몸으로 익히게 된다. 엄마와 같은 시선으로 바라보며 삶을 배우게 된다.

그런데 포대기 육아는 산업화 과정에서 유모차 문화에 밀렸다. 서구의 독립적 육아방법이 더 바람직하다는 인식이 퍼진 결과다. 서구사회에서는 '아이를 따로 재워라', '응석을 받아주지 말라' 등의 밴저민 스포크

(BenjaminSpock, 1903~1998) 박사의 육아방법이 한동안 대세였다. 신체 접촉을 줄이는 독립적 육아를 지향했다.

하지만 최근에는 서구의 육아법 모순이 드러나면서 우리의 전통육아에 대한 관심이 높아지고 있다. 부모와 아기의 애착에 관심 쏟는 서구인들이 포대기 육아를 대안으로 삼는 것이다. 육아의 핵심인 애착이다. 포대기, 유모차, 캥거루 케어 등 모든 육아는 애착이 전제되어야 한다.

애착 육아 원칙은 몇 가지 생각할 수 있다. 첫째, 아기의 반응에 민감하게 반응한다. 둘째, 아기를 만질 때는 부드럽게 접촉한다. 셋째, 안전한 잠자리를 만들어주고 함께 잔다. 넷째, 지속적인 사랑으로 보살핀다.

이 같은 애착 육아 원칙은 포대기 육아법과 동일하다. 육아를 지식과 원리 원칙 보다는 아이의 눈높이와 마음으로 바라보고 많은 신체 접촉을 하는 게 우리 선조의 육아법이다.

첫 울음으로 세상을 만난 아기는 미성숙하고 불안정한 존재다. 스스로 먹을 수도 없고, 혼자 생활할 수도 없다. 매우 의존적이며 보살핌이 필요한 존재다. 아기의 요구에 민감하게 반응하고, 지속적으로 사랑으로 보살피는 애착 육아가 필요한 이유다.

영국의 정신분석가 존 볼비(John Bowlby)는 애착의 중요성을 강조한다. 그는 애착형성이 잘 되지 않는 아이는 성인이 되어서 여러 가지 정신적 질환을 가질 수 있다고 주장한다. 그의 애착 이론은 독재정치를 해온 루마니아의 고아원이 배경이 되었다. 적절한 영양과 위생 상태만 제공하고 신체 접촉이 거의 없는 환경에 있는 아이들에게서 신체발달이 정상 수준의 3~10퍼센트이고, 감정에 반응을 보이지 않는 정신적 기능 지체 현상을 볼 수 있던 것이다.

미국의 심리학자 해리 할로(Harry Harlow)는 원숭이 실험으로 애착의 중요성을 설명했다. 우유가 나오지 않지만 따뜻함을 주는 헝겊원숭이 모형과 우유가 나오지만 차가운 철제원숭이 모형으로 실험을 하였다. 아기 원숭이는 우유가 나오는 철제원숭이에게서 최소한의 끼니만 해결하고 남은 시간은 헝겊원숭이와 함께 했다. 따스한 피부접촉의 중요성을 알게 하는 연구인 것이다.

메리 에인스워스(MaryAinsworth)의 '낯선 환경 실험'을 통해 안정 애착, 불안정-회피 애착, 불안정-저항 애착의 세 가지로 평가하였다.

먼저, 장난감이 있는 실험실에 엄마와 아이가 들어갔다. 뒤이어 낯선 사람이 들어가고, 얼마 있다가 엄마는 그 방을 떠나고 아이가 낯선 사람과 둘만 있게 했다. 15분 정도 지난 후 엄마가 돌아오고 아이의 반응을 관찰했다. 엄마가 다시 돌아왔을 때의 반응이 애착의 정도를 판단하는데 중요한 포인트로 생각한 것이다.

애착의 유형을 알아본다. 에스워스의 실험에서 적립된 유병은 다음과 같다.

첫째, 안정 애착(securelyattached)이다. 낯선 사람과 함께 방에 있다가 엄마가 밖으로 나갔을 때 아이는 울거나 엄마를 찾는다. 그러나 엄마가 돌아왔을 때 신뢰감이 회복되고 안전함을 느끼고 편안하게 놀이에 집중한다.

둘째, 회피 애착(avoidantattached)이다. 엄마가 나가도 관심 없고 낯선 사람을 더 잘 따르고, 오히려 엄마가 돌아와도 무관심함을 보여준다.

셋째, 양면적 애착(ambivalentattached)이다. 엄마가 있어도 놀지 못하고, 엄마가 나가면 심하게 운다. 엄마가 돌아와도 반기지 않고 안아달라고 했다가 내려놓으라는 등의 양가감정을 보인다.

애착의 발단 단계를 4가지로 나눌 수 있다.

1단계는 초기 전 애착단계 시기다. 출생에서 3개월까지다. 이 시기 아기는 울고, 빨고, 미소짓고, 잡는 등 본능적인 반응으로 돌봄을 유지하려는 행동을 보인다. 2단계는 애착 형성 단계다. 3개월에서 6~8개월까지다. 이 시기 아기는 친숙한 주양육자에게 한해 애착 행동을 보인다. 3단계는 완전한 애착 단계다. 생후 6~8개월에서 18개월까지다. 힘들거나 곤란한 일이 생기면 엄마를 찾고 애착 대상을 안전기지로 사용할 줄 안다. 4단계는 애착 확장 단계다. 18개월에서 3세까지다. 자기중심성은 줄어들고, 양육자의 행동을 예측 할 수 있을 만큼 인지 능력이 발달된다. 양육자와 분리되었어도 다시 돌아올 것을 알게 된다.

출생 후 3세까지의 맞춤 육아법

신생아는 출생과 동시에 30~40개의 생존 반사행동을 한다. 시간이 흐르면서 이 같은 반사행동은 발전되거나 소실된다. 아기는 귀엽고, 깜찍한 기질을 드러내며 세상에 적응한다. 아기의 건강한 성장은 부모의 따뜻한 품이 큰 힘이 된다.

첫 아기를 가진 부모는 연습 없이 바로 실전에 투입된 군인과 같다. 한 번도 몰아본 적 없는 차를 끌고 복잡한 도로를 달리는 초보 운전자와 같다. 난감할 수 있다. 두려울 수 있다. 그러나 해야 한다. 한결같이 부모로서 넉넉한 품을 아기에게 만들어줘야 하다. 아이의 특성과 변화를 이해하면 맞춤 육아의 답이 보인다.

출생 후 4주까지의 신생아는 대부분 시간에 잠을 잔다. 잠깐 동안 눈을 뜨지만 초점 없는 듯이 허공을 응시하다 이내 눈을 감는다. 출산 여건 등의 주변 환경에 따라 차이가 있지만 하루 15시간에서 20시간 잠을 잔다. 아기의 시각은 발달이 미흡하여 30센티미터 이내의 명암만 구분할 수 있다. 흑백모빌과 초점 책자 그리고 돌봐주는 사람을 쳐다보며 눈동자 움직임이 좋아지고 점차 시력도 갖춰진다. 이 시기의 아기는 먹고 자는 것이 전부다. 깨어있을 때 틈틈이 아기에게 집 안 곳곳을 보여주며 이야기해주면 좋다. 아기와 대화를 많이 나누면 좋다.

5주째부터 100일까지의 아기는 영아산통을 보이기도 한다. 이유 없이 강하게, 길게 울면서 몸부림치는 것이다. 초보 엄마아빠는 어쩔 줄 몰라 한다. 100일이 지나면서 차츰 영아산통은 사라진다. 이를 '100일의 기적'이라고 한다.

차츰 목에 힘이 들어가 머리를 세우고 두 손으로 상체를 들어 올린다. 눕지 않은 채로 세상을 바라보게 된다. 먹고 놀고 잠드는 유형도 형성된다. 잠자는 시간은 줄고, 손을 가지고 노는 시간이 늘어난다. 아기에게 가장 영향을 많이 미치는 것은 양육자, 즉 부모다. 부드러운 목소리와 손길로, 때론 장난감으로 아이와 놀이 시간을 갖는 게 좋다.

침 분비가 많아지고, 잇몸이 올라오고, 간지러워 보채는 경우도 자주 발생한다. 치발기를 이용하여 잇몸을 단련시키고, 충분히 씹는 훈련을 해야 할 시기다.

6개월 아기는 뒤집고 되집기를 반복한다. 방안을 누비며 데굴데굴 굴러다닐 수 있다. 치아가 하나씩 올라오는데 심하게 보채기도 한다. 이때부터 실리콘 손가락 칫솔을 이용해 매일 치아 관리를 해주어야 한다. 발을 손으로 잡아 입에 넣고 빨면서 온 몸을 느낀다.

잠자야 할 시간을 놓치면 손으로 눈을 비비고, 귀와 머리카락을 잡아당긴다. 자고 싶음을 표현하는 것이다. 잠투정이 심할 때도 있지만, 먹고 뒹굴면서 놀다 자연스럽게 고요히 잠들기도 한다. 낯가림이 생기기 시작한다. 엄마가 안 보이거나 잠시 떨어지는 것을 불안해한다.

9개월의 아기는 30분 정도는 혼자 놀 수 있다. 잡고 서기도 한다. 눈높이가 높아진다. 그 만큼 시야가 넓어져 만질 물건도 많다. 보이는 것을 손으로 잡아서 입에 넣어 확인한다. 집안 물건에 잠금장치를 하거나 높은 곳으로 이사 보내야 할 시기다. 아기의 안전을 위해서다.

놀다가 아이가 울면 바로 안아주기보다 "괜찮아, 엄마 여기 있잖아"라며 다독이고, 울음의 원인을 파악하는 게 좋다. 피곤하거나 졸린 게 원인이면 잠을 잘 수 있는 환경을 마련해주면 된다. 이 시기에 아기는 인과관계를 처음으로 이해한다. 아기가 울 때마다 안아주면 항상 울 때마다 스스로 울음을 그치지 않게 된다. 아이가 울다가 스스로 그치고, 관심을 돌려 놀이를 지속하는 때가 있다. 이는 아이가 한 뼘 성숙해진 증거다.

첫 생일 무렵의 아기는 조심스럽게 잡고 걷는다. 때로는 아장아장 혼자 걷기도 한다. 30~40분 정도 혼자 놀 수 있다. 주방기구가 장난감이 되기도 한다. 집안을 탐험하며, 스스로 즐길 줄 안다. 몇 단어의 말을 한다. 엄마의 칭찬과 화냄에 좋아하기도 하고 슬퍼 울기도 할 만큼 성장한다. 6개월부터 나기 시작한 치아는 어느덧 4개에서 8개 사이로 늘어난다.

15개월 즈음의 아기는 어느덧 뛰는 단계에 이른다. 소근육 발달로 손가락으로 작은 먼지를 잡을 정도로 정교해진다. "앉아", "주세요", "안돼" 등의 일상 말을 이해하고 행동한다. 손으로 크레용이나 연필 등을 잡고 그리는 것을 좋아한다. 낙서 공간을 충분하게 만들어주면 좋다. 그림책 속에 있는 사물이나 동물 등의 이름을 놀이로 반복적으로 알려주어 아이가 단어를 알 수 있도록 한다.

숨바꼭질 놀이는 이 시기의 특징이다. 커튼이나 의자 뒤에 숨었다, 보이는 행동을 반복적으로 하는 게 좋다. 아기가 좋아하는 장난감을 숨기고 찾는 놀이도 긍정적이다. 이 같은 행동은 아기의 기억력 발달과 인지력 향상에 도움이 된다. 또 모래놀이나 종이찢기 등의 놀이는 스트레스

발산과 소근육 발달에 유용하다.

20개월 무렵 아기는 '혼자서도 잘해요'의 특징이 있다. 행동을 스스로 하고 싶어 한다. 바지를 혼자 벗으려 하고, 마침내 성공한다. 이때가 소변과 대변을 가리는 훈련을 시작하는 시점이다. 계단을 올라가고 내려올 때는 잠시 엄마 손을 꼭 잡는다. 소근육 발달로 포크나 숟가락 사용을 잘 하고 연필로 동그라미나 선을 그을 수 있다.

'물 주세요' '맘마 주세요' 등과 같이 두 단어의 말을 붙여 사용 할 수 있다. '멍멍' '야옹'처럼 동물의 울음을 흉내 낼 수 있다. 그리고 귀찮을 정도로 '이게 뭐야?' '엄마 봐봐' 등을 외치며 많은 질문을 한다. 아기의 호기심을 만족해 줄 수 있도록 인내를 가지고 아이의 질문에 답해주어야 한다.

해도 되는 것과 해서는 안 되는 것에 대해 기준도 제시해야 한다. 부모가 일관적인 태도로 제지하거나 허용해야 한다. 아기가 떼를 쓰면 모든 것이 허용된다는 식으로 인식하게 해서는 안 된다.

24~36개월 즈음 아기는 웬만한 말은 다 알아듣는다. 자립심이 커지고, 자기주장도 강하다. 옳고 그름을 가르칠 시기다. 자기조절 능력을 갖출 시기이므로 육아에 일관적인 태도가 중요하다. 오감을 체험으로 익히기에 좋은 시기다. 집안의 놀이 못지않게 바깥의 놀이도 많이 하게 해 오감이 충분하게 자극되도록 한다.

식사나 잠자는 시간 등의 생활습관을 잘 잡아주는 것도 중요하다. 이 시기에는 1시간 30분 정도의 낮잠을 포함하여 12시간 가량 잔다. 잠 잘 때 무서운 꿈을 꾸어 우는 경우가 많다. 악몽을 꾸는 시기라고도 한다. 아기가 잠을 자다 울면 포근히 안아주고 다시 잠들 때까지 옆에 있어준다.

소변과 대변을 가리는 훈련은 조급하게 하지 않는다. 아이가 소변을 보면 "쉬 했구나" 라고 알려준다. 아이가 자연스럽게 지금의 행동이 "쉬를 한 것이구나" 인식하도록 한다. 아이가 소변을 보기 전 "엄마, 쉬~"를 외치면 준비한 소변기를 대준다. 성공적으로 소변을 보는 순간이 오면 듬뿍 칭찬해준다. 아이 스스로 뿌듯함을 느끼게 해준다. 아기는 칭찬받고 싶은 마음에 열심히 "엄마, 쉬~"를 외칠 것이다.

아이는 부모의 행동을 통해 세상을 알아가고 배운다. 아이 앞에서 스마트폰이나 태블릿 등 스마트기기를 많이 사용하지 않는다. 육아가 힘들어서 혹은 아이를 달랠 목적으로 아이 손에 스마트기기를 자주 쥐어주는 것은 바람직하지 않다.

'아이에게서 부모가 보인다'는 표현이 있다. 아기 양육에서 부모 역할의 중요성을 단적으로 알려주는 말이다. 생후 3세까지의 양육 환경에 따라 아기는 정서 발달과 신체 발달에서 많은 차이를 보인다. 이 무렵의 아기도, 임신 중 뱃속 아가를 생각하는 태교 마음으로 바라보는 게 좋다.

아기 기질과 육아

아기 기질을 알면 육아가 쉬워진다. 기질은 타고난 성격과 특성이다.

기질은 쉽게 변하지 않는다. 아이마다 배고플 때, 졸릴 때, 놀 때 다른 행동을 보인다. 기질의 차이 때문이다. 외모가 다르듯, 각자 다른 기질을 갖고 태어난다. 기질을 어떻게 받아들이고, 키워주느냐에 따라 장차 아이의 행동과 성격에 커다란 영향을 미칠 수 있다.

심리학자 알렉산더 토마스(Alexander Thomas)와 스텔라 체스(Stella Chess)는 25년 동안 미국인을 대상으로 기질을 연구했다. 그들이 1977년에 발표한 연구에 따르면 약 40퍼센트의 영아는 순한 기질, 약 10퍼센트는 까다로운 기질, 약 15퍼센트는 반응이 느린 기질, 35퍼센트는 명확하게 기질이 분류되지 않는다.

하버드대학 심리학과 제롬 케이건 박사는 '임신 2기, 3기 이후부터 출산 전까지 태동이 심한 태아가 기질적으로 강한 아이로 태어날 가능성이 높다'고 말한다.

기질별로 아이의 육아방법은 달라야 한다.

먼저, 까다로운 기질의 아이다.

에너지가 넘치며 활동적이다. 고집이 세며, 좋고 싫음의 의사가 뚜렷하다. 신생아는 속싸개로 감싸는 것을 싫어한다. 그렇다고 속싸개를 풀어놓으면 팔 다리를 허둥거려 오히려 잠을 자지 못하고 보챈다. 이럴 땐 부모가 아이에게 어떻게 해줘야 하는지 혼란스러워한다.

까다로운 기질의 아이는 수유 때 자신의 감정을 드러낸다. "수유할 때마다 거의 활처럼 몸을 뒤로 젖히고 발버둥 쳐요.", "선생님, 우리 아기는 젖을 물고는 빨 생각을 안 해요. 젖병을 물려주면 정말 숨도 안 쉬고 다 먹어요. 분명히 배고픈데 왜 제 젖을 안 빨까요?", "동생이 장난감 가지고 놀면 꼭 뺏고, 지켜보면 그 장난감 갖고 놀지도 않아요." 많은 엄마의 하소연이다.

부모는 고집부리는 아이의 요구를 쉽게 들어줘 평화를 맞이하려 한다. 또는 힘으로 제압하거나 부정적인 언어로 야단을 치는 경우도 있다.

까다로운 기질의 아이 훈육은 4단계를 거친다. 1단계는 아이의 요구를 인정한다. "그 인형을 갖고 놀고 싶구나"라고 표현해주는 것이 필요하다. 2단계는 현재의 상황을 인식시킨다. "지금은 집에 갈 시간이라 인형을 갖고 놀 수 없어"라고 알려준다. 3단계는 가능한 대안을 제시한다. "엄마가 1분 기다려줄게. 1분 동안은 더 갖고 놀 수 있어"라는 코멘트가 좋다. 4단계는 마지막 선택을 제시한다. "엄마는 너를 더 이상 기다릴 수 없어, 1분 후에도 인형을 놓고 오지 않으면 엄마 먼저 갈 거야" 등으로 표현한다.

선택은 엄마가 아닌 아기가 할 수 있도록 한다. 기질이 강한 아이이므로 부모의 지속적인 노력이 필요하다.

다음, 순한 기질의 아이다.

순한 기질 아이는 까다로운 아이나 반응이 느린 아이에 비해 특별한 행동적 특성을 보이지 않는다. "우리 아기는 자고 일어날 때 보면 기분 좋은지 잘 웃어요." "혼자 모빌 보고 누워 잘 놀아요." "수유도 잘 하고 잠도 잘 자고 우리 아기 너무 예뻐요." 순한 기질 아이를 둔 엄마의 공통적인 표현이다.

순한 기질의 아이는 새로운 장소나 사물을 대할 때 약간의 망설임이 있지만 엄마의 말을 잘 따른다. 부모와 트러블이 생길 가능성이 적다. 아이 스스로 자율적으로, 주도적으로 할 수 있는 환경을 제공하는 것이 좋다. 부모 말을 무조건 따르라는 강요는 좋지 않다.

마지막으로 반응이 느린 아이다.

낯선 상황에 적응을 잘하지 못하고, 균형 감각이나 힘 조절이 미숙하여 활동성이 떨어진다. 까다로운 기질의 아이보다는 규칙적이지만 일상생활은 불규칙한 편이다.

아이는 행동보다는 눈으로 바라보는 시간이 많다. 자신의 의사를 잘 드러내지 않는 것이 특징이다. "우리 아기는 그네를 잘 못 타요.", "낯선 곳에 가면 처음 문을 못 열어요.", "장난감을 가지고 놀기까지 시간이 걸려요. 익숙해지는데 시간이 걸려요." 이 같은 고민을 반응이 느린 아이의 부모는 곧잘 한다.

이 경우 부모의 세심한 배려가 필요하다. 아이가 새로운 환경에 적응할 수 있도록 충분한 시간을 주면 좋다. 부모가 의사 표현을 잘 못한다고, 활동력이 떨어진다고 다그치면 아이는 더 위축된다. 자신감이 사라지고 자존감이 낮아진다.

아기의 타고난 기질에는 단점과 장점이 공존한다. 타고난 기질을 어떻게 키워주느냐에 따라 다른 모습으로 성장할 수 있다 까다로운 기질, 순한 기질, 반응이 느린 기질에서 나오는 저마다 개성과 무궁한 잠재력이 있다. 아이가 가진 기질의 장점을 살려주고 올바른 방향으로 이끌어주는 것이 현명한 육아다.

아기의 대소변과 건강관리

태아는 노폐물을 탯줄로 배출한다. 아기는 태어나면서 탯줄이 잘린다. 아기는 스스로 소변과 대변을 보아야 한다. 하지만 조절 능력이 부족하다. 방광과 직장의 기능이 미숙해 저장과 배출을 의지처럼 하지 못한다. 보호자는 아기에게 기저귀를 채워준다. 신생아는 하루 6장 이상의 소변 기저귀를 교체하게 된다. 아기는 적은 양의 소변을 수시로 본다.

날이 지나면서 소변 횟수가 줄어든다. 소변을 모아서 한 번에 많은 양을 배출한다. 방광의 괄약근 조절 능력이 좋아진 덕분이다.

육아중인 엄마들이 흔히 하는 걱정이 있다.

"모유수유중인데 아기가 너무 적게 먹나 봐요. 하루에 소변 기저귀가 6장 정도밖에 안 나와요. 충분히 수유하지 못하면 소변 기저귀가 적게 나온다는데, 탈수가 될까 불안해요."

이 경우 기저귀의 무게가 변수다. 어느 것은 묵직하고, 어느 것은 가벼울 수 있다. 소변본 기저귀 한장 한장에 신경 쓰기보다는 전체의 양을 확인한다. 하루 동안 소변을 본 기저귀 무게가 300그램 이상이면 수유는 충분히 되는 것이다. 아기는 깊은 잠을 자는 시간이 길어지면서, 방광의 조절기능도 점차 좋아져 소변을 몰아본다.

대변은 아기의 장 상태에 따라 다소 차이를 보인다. 4~5일에 한 번씩만 변을 보는 아이도 있다. 이 경우 보호자는 매일 변을 보게 하기 위해 고민한다. 그런데 변이 염소의 배설물처럼 굳고 딱딱하지 않으면 괜찮다. 아기는 하루 3~5회 정도 변을 볼 수도 있고, 3~4일에 한 번 정도 배변할 수도 있다. 며칠 만에 한 번 배변해도 변비는 아니다. 배변 간격이 아니라 변의 굳기에 따라 변비, 정상, 설사로 구분한다.

설사는 묽은 변이 주르륵 흐르는 듯하다. 하루 15장 이상의 기저귀를 적신다. 이때는 설사 변을 본 기저귀를 챙겨 의사와 상담해야 한다. 하루 한 번의 변이 딱딱하면서도 굳어서 힘겨워 하면 역시 기저귀를 들고 병원 진료를 받아야 한다. 며칠에 한 번 변을 보아도, 아이가 편안해 하면 걱정할 사안이 아니다. 대신 장 움직임이 활발하게 되도록 가볍게 배를 쓸어주고, 엉덩이를 토닥거려 항문의 괄약근을 자극한다.

모유수유를 열심히 하는 수유모가 고민을 털어놨다. "아기 변이 이상해요. 쌀 알갱이처럼 하얀 멍울진 것이 변에 많이 보여요. 아기는 잘 놀고 잘 자요. 왜 그럴까요?"

잠시 고민한 나는 엄마에게 질문하였다. '엄마 요즘 유제품 많이 먹나요?' 돌아오는 대답은 이러했다. 수유모는 우유를 좋아하여 하루에 1리터 정도는 마신다고. 유제품을 많이 섭취한 수유모의 젖을 먹을 경우 아기 변에서 흔히 보이는 증상이다. 수유모에게 하루 2잔 정도의 우유만을 마실 것을 권했다. 모유를 먹는 아기의 변은 엄마의 섭취 음식과 종류에 따라 다르다. 많은 유제품 섭취는 멍울 같은 변, 기름진 음식 섭취는 묽은 변 가능성이 높다.

가스 발생도 마찬가지다. 아기가 유독 방귀를 많이 뀔 때가 있다. 유제품과 콩류는 소화 과정에서 가스가 많이 생긴다. 양파, 샐러리, 당근, 바나나, 자두, 살구 등도 방귀를 유발한다. 경희대 소화기내과 김효종교수는 "방귀를 자주 뀌어도, 냄새가 시큼하거나 메케해도 건강 문제와는 관련이 없다"고 말한다.

소변과 대변을 본 후에는 뒤처리가 중요하다. 깨끗하고 따스한 물로 닦아야 한다. 물기 제거 후 뽀송한 기저귀로 다시 채워주어야 아기 엉덩이 피부가 건강하다. 물티슈는 휴대용이다. 외출 시 용변처리 할 때는 어쩔 수 없이 물티슈를 사용할 수 있다. 집 안에서는 물티슈보다는 물을 이용하여 아기 몸을 닦아주는 게 좋다.

황달을 바라보는 자세

아기는 다양한 피부를 갖고 태어난다. 백옥같이 매끄럽고 흰 피부의 아기, 주름지고 피부에 각질이 있는 아기, 솜털이 많은 아기, 태지로 둘러싸여 있는 아기, 붉은 피부의 아기 등이다. 어떤 피부를 가졌든 아기는 생후 1주일을 보내는 동안 통과의례처럼 황달 증세를 경험한다. 이는 피부의 톤이나 탄력과는 무관하다. 생후 3일인 아기의 얼굴 빛은 약간 노르스름하게 변한다. 이는 황달을 의심하게 한다.

황달은 혈중 빌리루빈의 증가가 원인이다. 빌리루빈은 수명을 다한 혈색소(적혈구의 헤모글로빈)로부터 생성된다. 신생아는 적혈구의 수명이 짧아서 빌리루빈의 생성이 증가한다. 또한 간 대사능력도 미숙해 생후 2~3일부터 황달을 보이다가 5~7일경 좋아지는 경우가 많다.

어른들은 "아기 방안에 형광등을 켜 놓으면 황달이 없어진다"는 경험을 말한다. 실제로 요즘도 일부 엄마는 아기 방에 밤 낮 없이 불을 환하게 밝힌다. 과연 불빛의 영향으로 황달이 없어지는 것일까. 혈중 빌리루빈 수치가 하루 이틀 농도가 쌓이면서 얼굴부터 노르스름하게 피부색이 변한다. 이런 황달증상은 얼굴에서부터 시작한다. 혈중 빌리루빈 수치가 높아질수록 황달증상은 목과 가슴으로 범위를 넓혀간다. 그리고 대부분

일주일 안에 자연스럽게 원래 피부 상태로 돌아간다. 인위적 개입이 없이 자연스러운 과정이다. 이를 생리적 황달이라 한다.

충분히 수유를 하고, 아기가 대소변을 잘 보면 신경 쓸 일이 아니다. 그러나 모든 황달을 그저 지켜만 볼 수는 없다.

이순주 태교 육아 전문가가 신생아 가정을 방문한 경험담이다. 거실 중앙에서 잠 든 아기를 본 순간 그녀의 심장이 '쿵' 하고 내려앉았다. 절인 단무지처럼 누르스름한 아기의 얼굴빛이 눈에 들어온 것이다. 할머니는 잠을 잘 자는 순둥이라고 입에 침이 마르게 자랑했다. 출산 후 9일 째인 산모는 모유로 가득 찬 유방의 통증을 하소연하였다.

그녀는 아기가 걱정되었다. 아기의 황달검사 여부를 물었다. 아빠가 대답하였다. "병원에서 황달이 심하니 입원시키라고 했어요. 그런데 앞으로 3~4일 더 기다린 뒤 결정하려고 합니다." 5시간째 잠을 자는 아기를 깨워 젖 물리기를 시도하였다. 빠는 힘이 약했다. 이내 지쳐서 스르르 눈을 감아버린다. 아기 팔 다리의 움직임은 힘이 없이 가벼울 뿐이다. 소변도 아주 조금밖에 나오지 않는지 기저귀가 뽀송뽀송했다.

그녀는 아기 엄마에게 말했다. "아기가 순둥이라 잠을 잘 자는 것이 아닙니다. 못 먹고 힘이 없어서 늘어져 있는 것이에요. 소변양이 적은 것도 걱정이에요. 탁한 소변이 기저귀에 조금 묻어 있을 뿐이에요. 빨리 병원에 데려가 황달 치료 받는 것이 좋겠습니다."

이때 노트북을 들고 나온 아기 아빠의 말이 가슴을 더 아프게 하였다. "의사선생님이 올린 글이 있습니다. 황달은 2주까지 괜찮으니, 지켜보라고 하는군요."

의사는 생리적 황달을 이야기한 것이다. 그런데 이 아기는 생리적인 황달의 범위를 벗어난 경우였다. 이처럼 황달은 지극히 정상적으로 시작한다. 그러나 황달의 정도가 심하거나 일주일 이후에도 완화되지 않으면 전문의 상담을 받아야 한다. 심해지는 황달을 방치하면 신경학적 문제를 발생시키는 핵 황달로 악화될 수도 있다.

황달 치료로는 광선치료, 교환수혈, 약물치료가 있다. 이중에 광선치료가 일반적이다. 황달 치료는 뇌 세포에 빌리루빈이 침착되지 못하도록 혈중 빌리루빈 수치를 낮춰주는 것이다. 광선 치료 시 눈에 빛이 들어가지 못하도록 안대를 채워준다.

아기 피부를 빛에 노출시켜 빌리루빈이 감소하도록 하는 것이다. 황달 치료 시 인큐베이터나 워머를 사용한다. 이는 아기 보온을 유지하기 위함이다. 광선 치료로 효과를 보지 못하면 교환수혈이나 약물치료를 병행하기도 한다.

모유수유 시 황달이 오랫동안 유지되는 경우가 있다. 이것이 모유수유 아이에게 발생하는 모유황달이다. 생리적 황달이 보이는 시기에 황달 수치가 높아서 치료가 요구되면 모유수유를 일시적으로 중단할 수 있다. 모유의 유리지방산이 빌리루빈 배출을 방해하기 때문이다. 빌리루빈 수치가 안정돼 피부색이 정상 회복되면 다시 모유수유를 한다. 보통 생후 한 달 즈음 황달이 다시 보일 수 있는데 이것도 모유황달이라 말한다. 이때는 황달 수치는 높지 않다. 모유수유를 멈추지 않아도 되지만 누런 얼굴빛이 보름 이상 가는 경우가 많다. 시간이 지나면 황달 증상은 서서히 사라진다.

황달은 대부분이 생리적이지만 일부는 병적으로 치료를 요한다. 생리적 황달과 병적 황달을 구분하기 위해서는 세심한 관심과 관찰이 필요하다.

치카치카 아기의 구강 관리

아기의 구강 관리는 치아가 나오기 전부터 신경 써야 한다. 유치가 보이지 않을 때는 구강관리에 소홀할 수 있기 때문이다. 아기의 잇몸 건강도는 유치의 튼실도와 직결된다. 유치가 건강해야 영구치도 건강하다. 아기는 태어날 때 유치를 갖고 있다. 다만 잇몸 안에 꽁꽁 숨어 보이지 않을 뿐이다. 간혹, 갓 태어난 아기의 잇몸에 쌀알 같은 유치가 보일 수 있다, 유치가 잇몸 밖으로 올라온 경우는 특히 신경 써야 한다. 일반적으로 유치는 생후 약 4개월쯤부터 잇몸 속에서 조금씩 자라기 시작해 생후 6개월 무렵에 잇몸 밖으로 나오기 시작한다.

치아가 나기 직전의 아기는 몇 가지 특징을 보인다. 첫째, 짜증이 많아진다. 유치가 잇몸을 뚫기 전의 불편함 때문이다. 둘째, 무엇이든 입에 넣고 씹는다. 아기는 손에 잡히는 것은 입에 넣고 깨물려고 한다. 간지럽고 불편한 잇몸을 자극하기 위한 방법이다. 또 잇몸의 통증을 완화시키기 위한 방법이기도 하다. 셋째, 침을 많이 흘린다. 입에 손이나 치발기를 넣고 빨다 보면 금세 입안에 침이 흥건해진다. 침을 많이 흘림으로 인해 입 주변에 피부 트러블이 발생한다.

아기의 유치는 20개다. 6개월 무렵에 아랫니부터 평균 한 달에 한 개

정도가 잇몸을 뚫고 유치가 나온다. 모든 유치가 나오기까지 25~33개월이 걸린다. 유치가 충치나 충격으로 손상받으면 영구치도 약할 수 있다. 유치가 일찍 빠지면 영구치가 크게 나온다. 이로 인해 치아의 나올 자리가 부족해 삐뚤거리게 난다. 유치의 건강을 지켜야 하는 이유다. 월령에 따른 유치의 발달과 관리법을 알아본다.

● 유치 나기 전 시기(신생아~생후 6개월)

아기가 입으로 무언가를 먹기 시작하면 구강 관리를 시작한다. 끓인 물이나 깨끗한 정수로 입안을 닦아준다. 부드러운 거즈나 손수건을 검지에 두르고, 물을 묻혀 아기 잇몸을 부드럽게 마사지하듯 닦는다. 혀의 돌기에 우유 찌꺼기가 붙어 있을 수 있으므로 세심하게 닦는다. 하루 1~2회 실시한다. 잇몸 마사지 효과가 있고, 혈액순환이 좋아 건강한 구강을 만들어준다.

● 유치가 나오는 시기(생후 6~12개월)

유치가 하나 둘 나오기 시작한다. 세심히 구강관리를 하는 시기다. 이유식을 시작하는 때이므로 관리를 잘못하면 충치 발생 확률이 높다. 이유식 후 약간의 물을 먹게 해 입안의 음식 찌꺼기가 남지 않도록 한다. 양치 때 치약을 사용하면 뱉지 못하고 삼킬 수 있다. 따라서 치약은 사용하지 않는다. 검지에 실리콘 칫솔을 끼고 물을 적신 후 아기의 이를 닦인다. 아기가 돌 쯤 되면 아기전용칫솔을 사용하여 양치질을 시킨다. 하루 3회 정도가 적당하다.

● 어금니가 나오는 시기(생후 13~33개월)

윗니와 아랫니 각 2개씩 나온 후 작은 어금니가 솟는다. 송곳니가 자라고, 마지막으로 안쪽 어금니가 나온다. 어금니는 씹는 면이 넓고, 주름이 많아 충치가 생기기 쉽다. 과일이나 야채 등 단단한 음식을 씹게 하면 치아 건강에 좋다. 치아 사이에 끼는 치석도 상당 부분 예방 할 수 있다. 양치는 세심하게 한다. 아기 전용 치약을 사용할 수 있다. 삼켜도 무해하고 맛이 좋아 아기의 거부감이 거의 없다. 음식 섭취 후, 잠자기 전을 포함하여 하루 3번 양치질을 해준다. 먼저, 엄마가 칫솔에 약간의 치약을 묻히고 아기를 무릎에 눕힌 상태로 치아를 꼼꼼히 닦아준다. 그리고 아기와 함께 칫솔을 잡고 치카치카 놀이를 이용한 양치질 훈련을 한다. 이때 양치질이 재미있는 놀이처럼 칭찬도 함께 곁들여 하면 좋다.

아기가 양치질 할 때 어른도 함께 이를 닦고, 물을 머금고, 입안을 헹구고, 뱉는 모습을 보인다. 유치가 나는 생후 6개월 이후에는 밤중에 아기에게 수유하지 않는다. 젖을 물고 자거나 젖병을 빨다가 그대로 잠드는 것은 좋지 않다. 충치 발생은 물론이고 유치가 약해질 수 있다. 색이 변하면서 부서지는 우식증 가능성이 높다. 공갈젖꼭지는 잘 때 물려 재우지 않도록 해야 한다. 충치와 함께 부정교합 가능성이 높기 때문이다. 아기의 건강한 구강을 위해선 유치가 나기 전부터 양치질을 해야 한다. 유치가 나오기 시작하면 더욱 세심히 아기 구강 관리를 해야 한다.

아기 울음과 언어표현

신생아의 울음에 초보 부모는 당황한다. 일부는 안절부절 못한다. 아기가 울면 대부분은 '배고파서 우는 것'으로 생각해 수유하려고 애쓴다. 다음으로 빈도가 높은 게 '기저귀가 젖었나'라는 생각이다. 아기는 배고파도, 배변으로 기저귀가 축축해도 운다. 그런데 아기는 단지 배고픔이나 배변으로 인한 불편함 때문에 우는 것만은 아니다. 아기는 태내에서부터 느끼고, 기억하고, 생각하는 감각을 가지고 있다. 신생아의 감각 수준은 어른과는 거리가 있다. 그러나 어떤 부분은 어른보다 더 섬세하고, 감정적이다. 생존과 관련되어 있기 때문이다.

태어나 한 달 무렵의 신생아는 출생 시 스트레스 수용과 삶의 적응기로 많은 시간 잠을 잔다. 깨어 있는 시간보다 잠자는 시간이 훨씬 많다. 먹는 양이 적기 때문에 배변량은 적다. 이 시기의 울음은 배고픔이나 배변 활동 가능성이 높다.

신생아 시기를 넘기면서 아기는 빠른 속도로 가정에 적응한다. 잠자는 시간이 조금씩 줄어들고 깨어 있는 시간이 길어진다. 기질이 조금씩 드러나면서 자기주장을 한다. 불편하면 울음으로 신호를 보낸다. 아기는 다양한 욕구를 울음으로 표현한다. 아기는 탯줄이 잘릴 때 심리적으로 불안을 느낀다. 전적으로 의존하던 엄마와의 분리에서 오는 불안을 울음으로 표현한다.

아기는 배고픔을 스스로 해결할 능력이 없다. 배고프면 아기는 입술을 오물거리고 얼굴을 옆으로 움직이며 젖 찾는 것과 같은 행동을 보인다. 아무도 아기에게 수유를 하지 않으면 아기는 울음을 터트린다. 배고픈 신호를 보냈는데 아무런 반응이 없으면 화가 나서 아기는 울음을 터트린다. 젖을 먹은 후에는 일정 시간 깨어서 주변을 응시하거나 두리번거린다. 일종의 놀이를 하다 졸리면 보채면서 운다. 잠투정이다.

기저귀에 소변을 보면 엉덩이가 불편해 울음으로 표현한다. 대변을 보기 전 장 움직임이 활발하여 배 아픈 배변통에도 운다. 이때 아기를 관찰하면 얼굴을 찡그리며 힘을 주고, 시원하게 배변한다. 아기가 대변을 본 후 젖은 기저귀를 갈아주지 않으면 울음을 터트린다.

잠에서 깨어나서 혼자 있다가 심심하면 울음으로 놀아달라고 신호를 보낸다. 몸을 어루만지거나 말을 건네며 옆에 있어주면 울음을 그치고 편안한 모습을 보인다. 주변이 시끄럽고, 많은 사람이 몸을 어루만져도 불편함을 느껴서 운다. 피곤하다는 의미이다. 이때 조용한 곳으로 이동하거나 아기를 자리에 누이고 토닥이면 이내 울음을 그친다. "아~ 손님이 많이 와서 피곤했구나"라고 보호자는 느낄 수 있다.

열이 나거나 아프면 칭얼거리며 보챈다. 힘이 없는 울음이나 자지러지는 울음으로, 몸을 만지면 열이 감지된다. 전문의 상담이 필요한 울음이다. 방안 온도가 너무 덥거나 추워도 불편함을 울음으로 표현한다. 아기는 누워있는 시간이 많다. 등이나 머리, 뒷목이 땀으로 젖어 있을 가능성이 높다. 반대로 손과 발이 많이 차가우면 추울 수 있다. 스스로의 체온

조절에 미숙한 아기에게 적정 실내온도 유지는 중요하다. 실내온도는 섭씨 24도가 이상적이다. 그러나 더위나 추위에 민감한 아기의 체질을 감안해 온도 조절이 필요하다.

아기는 뱃속에서는 엄마의 활동에 따라 흔들림을 느끼며 잠들거나 쉬었다. 아기는 엄마가 자리에 앉아 쉬거나 누워있는 시간에 태동을 보였다. 아기는 태어나면 자리에 장시간 누워 있는다. 이때 뱃속에서처럼 움직임을 느끼고 싶으면 안아달라고 보채며 울 수 있다. 아기를 안아 토닥거리기만 해도 금세 울음을 그친다. 그런데 다시 자리에 누이면 금세 운다. 이때는 아기가 뱃속 환경을 그리워하는 것으로 생각하면 된다. 또 시끄럽거나 강한 음식냄새로 청각과 후각이 강하게 자극되면 울음으로 불편함을 하소연할 수 있다.

이렇듯 아기의 울음은 자신을 드러내고 소통하고 싶어하는 삶의 언어다. 운다고 나무라거나, 무시하면 아기는 위축된 감정에 갇힐 수 있다. 아기의 언어인 울음에 대처를 잘 하기 위해선 함께 있는 시간이 많아야 한다. 아기의 행동을 잘 탐색하고, 반응을 관찰하면 울음의 의미를 조금씩 파악할 수 있다. 아기는 상황에 따라 울음의 톤이나 길이가 다름을 알게 된다.

아기의 의사를 잘 이해하고 적절하게 대응하면 아기는 구김살 없이 자라고, 궁극적으로 자존감과 자신감도 높아지게 된다. 무시가 아닌 인정받는 느낌은 아기나 어른이나 모두 아는 감정이다. 아기의 행동을 관찰하고, 울음의 다양성을 파악하는데 시간이 많이 걸린다. 부모는 조급하지 않는, 여유로운 마음으로 임해야 하는 이유다.

아기가 운다고 무조건 먹여서 재우려는 행동은 바람직하지 않다. 아기의 감정 이해 보다는 양육자의 쉽고 편안함을 선택일 수 있기 때문이다. 아기는 표현이 서툴지만 느끼고, 공감하고, 함께 하고 싶어하는 마음을 갖고 있다. 아기의 울음은 의사소통 수단이다.

생후 2개월 아기의 손 빨기와 대응법

뱃속의 태아는 좁은 공간이지만 비교적 행동이 자유롭다. 손을 입에 넣고 빨기도 하고, 양수를 한 모금 꿀떡 삼키거나 뱉기도 한다. 온 몸을 웅크리고 있다가 팔을 쭈욱 뻗어서 엄마를 깜짝 놀라게 하기도 한다. 운동장에서 뛰어노는 것처럼 발차기도 한다. 엄마는 아기의 작은 움직임에도 미소를 짓는다. "우리 아가 노는구나!", "우리 아기 잘 있구나!" 등으로 생각하며 즐거워한다.

아기가 태어나면 첫 한 달은 대부분 속싸개를 이용하여 감싸놓는다. 아기에게 안정감을 주고, 보온을 위한 조치다. 한 달이 꽉 채워져 갈 때쯤, 아기는 팔을 속싸개 밖으로 빼내려고 안간 힘을 다한다. 이때 일부 엄마는 느슨해진 속싸개를 더 단단히 고정한다. 느슨해진 속싸개로 인해 아기가 더 많이 몸을 움찔거릴 것으로 걱정하는 것이다.

속싸개 밖으로 팔을 뻗으려는 아기에게는 사정이 있다. 아기발달과정에서 생후 2개월이 되면 아기의 손은 자연스럽게 입을 향해 움직인다. 그리고 입술을 움직이며 손을 빠는 행동을 한다. 처음에는 손을 혀로 핥는다. 점차 불끈 쥔 주먹이 틈만 나면, 기회만 되면 입으로 향한다. 이는 아기에게는 자연스럽고, 꼭 거치는 통과의례다.

아기의 손 빠는 행동을 본 부모의 반응은 거의 같다. "어떡해요, 아기가 벌써 손을 빨아요. 손을 빨지 못하게 손싸개를 끼워야겠죠?", "배고파서 손을 빠나 봐요. 손 빨 때마다 수유해야 할까요?" 이때 육아 전문가는 되물을 수 있다. "'아기가 4개월쯤 되면 몸을 뒤집기 하려고 합니다. 그때 마다 못하게 하면 어떻게 될까요?', '돌이 된 아기가 혼자 걷기 위해 한 발씩 내딛는데, 걸으면 넘어질 수 있으니 엄마가 안아주기만 하면 어떻게 될까요?" 돌아오는 답은 한결같다. "그럼 안 되죠. 아기가 뒤집어야 하고, 걸어야 하니까요."

생후 두 달 즈음부터 아기는 손을 입으로 가져간다. 정교하지는 않지만 부비듯이 손을 빤다. 구강기 시기인 아기는 입술과 혀로 몸을 인식한다. 움직이는 몸의 일부를 입으로 느끼는 것이다. 소근육의 움직임이 좀더 정교해지면서 꼭 쥔 손에서 손가락을 펼치고 입안으로 향한다. 각고의 노력으로 마침내 성공한다.

그런데 아기가 승리를 만끽하기도 전에 일이 벌어진다. 걱정이 앞선 부모는 아기가 신나게 빠는 손가락을 빼낸다. 더욱이 손싸개를 끼우거나 속싸개로 팔을 움직이지 못하게 감싼다. 아기는 좌절하거나 혹은 좀 더 완전한 기회를 꿈꿀 것이다. 해야 하는 일을 타인에 의해 하지 못하는 것은 슬프다. 아기의 손 빠는 행동은 꼭 하고 넘어가야 하는 행동이다. 부모의 바른 역할은 손 빠는 행동을 하지 못하게 하는 것이 아닌, 아기의 손 위생에 신경 써주는 것이다. 물수건을 이용하여 손바닥과 손등을 수시로 닦아주어야 한다. 또 관찰해야 한다. 아기는 심심해도, 배고파도 심하게 손을 빨 수 있기 때문이다.

심심함으로 인해 손을 빠는 아기에게는 몸을 어루만지면서 말을 건넨다. 손 빨기에 집중하던 아기가 어느덧 입에서 손을 빼고 부모와 눈을 맞추게 된다. 배고플 시간이 되면 수유를 한다. 아기는 자연스럽게 손을 입에서 뺀다. 만약 손싸개를 끼워줘도 아기는 손싸개 낀 손을 빨려고 애쓴다.

손톱으로 얼굴에 상처를 내는 아기에게는 어쩔 수 없이 손싸개를 끼울 수 있다. 이때는 손싸개를 자주 바꿔주어 위생에 신경 쓴다. 손톱을 깎고, 손톱 끝 정리를 잘해 상처가 나지 않게 하는 것도 위생관리의 포인트다. 손가락 빨기를 할 때도 손싸개보다는 손피부에 직접 입술이 닿는 촉감을 느끼게 하는 것이 좋다. 손 빨기 행동은 입으로 신체의 다른 부분을 느끼는 것이고, 손의 촉감을 발달시키는 가장 기본적인 행동이다.

아기는 불안하거나 불편해도 스스로 안정감을 찾기 위해 손을 빤다. 이때 손 빠는 행동은 집착적이어서 습관으로 남을 수 있다. 아기는 커가면서 보이지 않는 곳에서 더 활발하게, 강력하게 손을 빨 수 있다.

양육 환경의 전체 그림을 보면서 아기의 행동을 판단해야 한다. 구더기 무서워 장 못 담그는 우를 범해서는 안 된다. 손을 빠는 시기의 아기의 자연스런 행동을 막는 것은 옳은 양육 방법이 아니다. 부모는 심심한지, 불편한지, 배고픈지, 아니면 놀고 있는 것인지 섬세한 관찰을 해야 한다. 아기와 눈높이를 같이 하여 말을 걸고, 몸을 어루만지며 놀아주는 시간을 보내야 한다. 그러면 손 빠는 아기는 다음 발달 과정으로 자연스럽게 넘어간다. 손 빠는 행동은 바로 아기가 성장하는 모습이다.

아기를 환경호르몬에서 지키는 법

언제부터가 맑은 하늘이 뉴스가 되는 세상이 되었다. 아침 일과 중 하나가 '오늘의 미세먼지' 확인이다. 미세먼지는 삶의 질을 떨어뜨린다. 호흡기가 약한 사람은 더욱 힘들고, 아이도 마음껏 밖에서 뛰어놀 수도 없다. 미세먼지 발생은 몽골고원의 사막화, 중국의 공업화, 우리나라의 산업화 등으로 심화되고 있다. 미세먼지에는 각종 환경독소가 포함돼 있다. 환경독소 물질은 암을 포함한 150여 가지의 각종 질환의 원인이 될 수 있다.

화학물질이 생물체에 흡수되면 호르몬이 관여하는 내분비계에 혼란을 일으킨다. 이 물질을 흔히 환경호르몬이라고 한다. 의학적 용어는 외인성 내분비계 교란물질(Endocrine disruptor)이다. 이 물질의 구조는 인체 생리조절 작용을 하는 호르몬과 유사하다. 역할은 정상적인 내분비호르몬의 생산 분비 수송 대사기능 제거에 이르는 모든 과정의 교란이다. 체내 호르몬은 수용체와 결합해 작용한다. 그런데 환경호르몬이 수용체에 대신 결합, 마치 체내 호르몬과 비슷한 작용을 한다. 또는 자리만 차지하고 기능을 가로막고, 심지어 세포 파괴 작용을 한다. 일명 가짜 호르몬인 외인성 내분비계 교란물질은 결국 인간의 건강을 심각하게 위협한다.

환경호르몬의 영향은 지속적이고 후향적이다.

특정 시기에 노출되면 수년에서 수십 년 후에 증상으로 발현될 수도 있다. 다음 세대, 또는 그다음 세대에도 영향을 미칠 수도 있다.

1970년대에 유산 방지제로 쓰였던 DES(diethylstilbestrol)의 유해성은 10년 이상이 지난 후 확인됐다. DES 복용 산모의 자녀가 사춘기가 될 무렵에 증상이 시작됐다. 이 물질 복용 후에도 자녀가 정상 발달과정을 거치는 듯해 한 때 안전성이 확실한 것으로 홍보됐다. 그러나 초경을 하지 않는 소녀에게서 자궁 기형이 발견됐고, 불임과 질암 등이 어린 나이에도 발병했다. DEX를 복용한 산모의 손녀에게도 불임과 생리불순이 나타났다.

이는 내분비계는 같은 수용체와 기전을 공유하기 때문에 한 생식기계 질환이 다른 질환으로 이어짐도 의미한다. 가령, 성조숙증은 유방암과 다낭성난소종의 위험도를, 다낭성난소종은 불임의 확률을 각각 높인다.

환경호르몬은 여성과 아기에게 더 위험하다. 환경오염 및 유해물질의 피해는 생물적 약자, 사회적 약자에 집중된다. 생물적 약자는 아이, 태아, 고령자, 호흡기계 환자 등이다. 미세먼지에 더 큰 영향을 받는 것은 고령자나 아이다. 사회적 취약 계층은 임산부와 아이고, 사회적 약자는 저소득층, 노동자, 영세농어민 등이다.

저소득층일수록 첨가물이 많은 음식을 먹을 수 있다. 대개 첨가물이 많은 음식은 유통 기한이 길고 가격이 저렴하다. 반면 각종 유해물질 함유 가능성이 더 높다.

환경호르몬의 작용기전 및 역학은 일반 독성 물질에 비해 복잡하다. 일단 노출 시점이 중요하다. 발달이 빠르게 일어나는 시점인 태아, 사춘기, 임신 중일수록 환경호르몬에 취약하다. 이때 노출되면 평생 위험률이 더 증가한다. 남성과 여성 모두가 환경호르몬에 가장 취약한 시기는 태아기다. 태아기와 영유아기에 노출된 독성물질의 영향은 생물학적 발달과정에서 큰 변수가 된다.

한때 임산부의 태반이 독성물질을 걸러주는 것으로 생각했다. 그러나 이는 근거 없는 신비주의적 믿음이다. 탈리도마이드 사건에서 끔찍한 교훈을 얻을 수 있다. 이는 1950년대부터 세계 각국에 보급된 탈리도마이드제(劑) 복용이 원인이 된 약해(藥害) 사건이다. 이를 복용한 임산부에게서 사지(四肢) 결손이 있는 해표지증 기형아가 출생하고, 수천 명이 사망했다. 뇌신경세포를 파괴하는 메틸수은은 태반에서 오히려 능동수송을 해 모체에 비해 태아의 혈중농도가 더 높다.

환경호르몬은 여성의 생식력에 치명적이다. 우리나라를 비롯한 여러 산업화 국가에서는 매년 25세 미만 불임 인구가 급격히 증가한다. 여성의 전 생애주기에 걸쳐 생식건강 영역의 질환들인 성조숙증, 근종, 자궁내막증, 다낭성난소, 유방암 등 늘고 있다. 수명, 영양 등 전반적인 건강지표가 개선과는 역주행을 하고 있다. 생식건강 문제들은 여성의 가임력과 삶의 질에 영향을 미치고 있음을 알 수 있다.

환경호르몬은 안전 용량이 없는 대표적인 물질이다. 예전에는 '화학물질에 낮은 농도로 노출되면 건강에 영향을 미치지 않을 것'이라는 가정이 있었다. 하지만 독성물질에 대한 낮은 농도의 노출로 인한 건강 영향은 모든 사람에게 똑같지는 않다. 집단에 따라, 개인에 따라 취약도와 노출위험성이 상이하다. 노출량, 건강상태, 다른 위험요인의 동반 여부, 다른 독성물질과 동반 노출 여부, 성별, 개인 유전자 차이 등에 따라 취약도가 다르다. 미국 국립과학원은 유해 가능성이 있는 물질에 대해서 '노출 허용 용량, 안전 용량은 없다'고 결론 내린 바 있다.

플라스틱에서 나오는 매우 낮은 농도의 비스페놀A를 투여하면 암컷 쥐가 염색체 비분리를 일으켜 기형 생쥐를 출산한다. 이 같은 실험 결과들이 이를 증명하고 있다. 이젠 국가적, 사회적 노력은 물론이거니와 개인 차원에서도 생활습관 개선 이야기를 하지 않을 수 없다. 환경호르몬은 사람이 만들고, 이를 줄일 수 있는 존재도 사람이다. 노력으로 환경 호르몬의 상당량을 줄일 수 있다. 그 방법을 알아본다.

먼저, 플라스틱 제품 사용 자제다.

플라스틱 제품은 다이옥신, 비스페놀A 등의 환경호르몬 발생원이다. 환경호르몬과 거리를 두려면 특히 PVC, PC, PS는 최대한 피한다. 뜨거운 음식이나 뜨거운 걸 플라스틱 용기에 담지 않는다. 열이 가해져 손상된 플라스틱에서는 환경호르몬이 많이 나온다. 따라서 페트병은 재활용을 자제하고, 마모된 플라스틱 용기는 전자레인지에 돌리거나 기름진 음식을 담지 않는다. 또 세척시에 사용한 세제가 용기가 뜨거워지면 플라스틱 용기에서 배어나오는 것도 유의해야 한다. 비어캔치킨은 맥주 캔에서 비스페놀A가 녹아나올 수 있다. 요구르트는 병의 하단부위를 입으로 구멍을 내서 빨아먹지 말고 뚜껑을 열고 마시는 것이 안전하다. 1회 용품 사용을 자제한다. 비닐봉지, 비닐 랩 사용을 줄이고, 캔 음료수는 컵에 따라 마신다.

다음, 일상의 생활환경 호르몬을 줄인다.

강한 흡인력 청소기 사용은 잠자던 미세먼지를 날리게 한다. 강력한 흡인기 보다는 따뜻한 물걸레질 청소가 좋다. 특히 어린이가 있는 공간에서는 조리시 환풍기를 작동시키고, 집안 가구나 인테리어, 카펫, 새집 증후군 등을 되도록 피한다. 친환경 제품, 친환경 페인트, 중고 제품 등을 활용한다. 장난감, 완구, 육아 용품과 도구들도 가급적 플라스틱 제품을 배제한다. 아기의 입으로 들어갈 수 있는 장난감이나 도구는 실리콘 재질을 선택한다. 이불이나 빨래의 먼지는 건조기로 돌려 생활 미세먼지를 줄일 수 있다.

마지막으로 생활용품의 호르몬을 줄인다.

매일 사용하는 치약에 신경 쓴다. 치약은 화학물질 투성이다. 잇몸을 통해 세균이나 환경호르몬이 심장에 직접적인 영향을 미칠 가능성이 있다. 요즘에는 죽염이나 소금을 양치하기 쉽게 가공한 소금들이 판매되고 있다. 가정에서 올리브 오일에 3년 이상 간수를 뺀 천일염을 볶아 곱게 갈아 섞어 닦아주면 구강건강에 좋다. 화장품 수도 줄인다. 화장품은 이름이 각각이지만 효능은 거기서 거기다. 꼭 필요한 제품으로만 다이어트하면 좋다. 특히 레티놀(주름). 알부틴(화이트닝) 성분 제품은 임신 중에는 자제하는 게 좋다. 목욕 세정제, 헤어관리제품 사용 횟수도 줄인다. 주방세제, 손세정제도 항균제품은 쓰지 않는다. 대신 식초, 밀가루, 쌀뜨물, 베이킹소다 제품을 이용하고 충분히 헹군다. 매일 머리를 감는 사람은 일주일에 한두 번은 따뜻한 미온수만으로 머리를 감는다. 하루에 한 번은 따뜻한 물만으로 양치를 한다. 일주일에 하루 이틀은 세제 없이 냉온수로 냉온욕을 즐긴다. 화장품도 하루 이틀쯤은 천연오일 정도만 바른다.

임산부와 음식

임산부와 다이어트

임신 중의 생활 방식과 섭생은 태아의 미래 건강에 많은 영향을 미친다. 다이어트는 균형 잡힌 식사와 운동 등으로 몸무게를 관리하는 것이다. 일반적으로 빠른 효과를 보기 위해 음식 섭취를 최소화한다. 굶다시피 하는 다이어트는 영양 불균형을 유발한다.

임산부도 몸매나 비만 관리 등의 목적으로 다이어트를 할 수 있다. 임산부는 풍부한 영양 섭취가 절대적으로 필요하다. 임신 전보다 균형 잡힌 영양 관리를 해야 태아가 정상적으로 발육할 수 있다. 태아의 영양상태는 향후 어린 시절은 물론이고 성인 때의 건강에도 큰 변수로 작용한다.

학계에서 주목받는 태아 프로그래밍(Fetal Programming)이 있다. 1990년대에 영국의 데이비드 바커(David Barker) 교수에 의해 정립된 이론이다. 바커 교수에 의하면 태아는 자궁의 변화에 적응하기 위해 생리적, 대사적, 신경내분비적으로 순응과정을 거치게 된다. 이 순응과정에서 자궁 환경이 태아의 DNA 메틸화 반응(Methylation)처럼 유전자 조절에 영향 주는 후생유전과정(Epigenetic Process)을 일으킨다. 이는 출생 후 특정 조직이나 기관의 증식, 분화에 영구적인 리프로그래밍을 초래한다. 성인이 되었을 때 병리적인 변화로도 작용할 수 있는 것이다.

임산부의 삶의 패턴이 자궁 환경을 형성한다. 환경은 지능을 비롯하여 오감, 취향, 성격 결정에 깊은 영향을 미친다. 또한 암, 아토피, 천식, 알레르기성 질환, 행동발달장애, 고혈압, 고지혈증, 비만, 심장병, 대사성 증후군 등의 질병도 열 달 동안의 자궁 환경이 결정적 변수가 된다.

임산부가 고지방식을 많이 하면 태아의 뇌에 영구적 비만 프로그램이 입력돼 어릴 적부터 과식의 습관과 소아비만이 일어날 확률이 높다. 임신 중 영양 상태와 스트레스는 자궁 안 태아의 육체적 성장과 정신 건강에 악영향을 미친다. 2차 세계대전 때 기아에 굶주린 임산부에게서 태어난 아기는 정신분열증 발병률이 보통 아이보다 높았다.

잘못된 임신 중의 다이어트는 태아를 적정량보다 적은 량의 에너지로 살게 한다. 이 같은 절약형 삶에 노출된 태아는 궁핍에 대비하는 본능을 갖게 된다. 출생 후 영양이 풍부해도 과식을 하게 된다. 소아 비만은 물론 세포 각인을 통해 3~4대 동안 대물림된다. 이런 아이가 성장하여 임신하면 자신의 체중은 많이 늘지만 태아에게는 영양을 덜 보내 저체중아를 출산할 확률이 높다.

많은 먹거리는 태아 프로그래밍에 부정적이다. 인스턴트음식, 인공감미료, 식품첨가물, 패스트푸드, 정제 소금, 정제 설탕, 정제 밀가루, 정제 곡식, 과도한 육식과 부족한 섬유질 음식, 화학첨가물 등은 임산부에게도, 태아에게도 피하는 게 좋다.

먹거리에 따라 생명의 시작인 정자와 난자의 건강, 그 속의 미토콘드리아, 자궁 환경인 양수의 질, 아기에게 전해질 미생물, 모유의 질과 미생물도 달라진다.

임산부의 체중증가 기전

임산부의 체중 증가는 태아 보호와 산후 모유수유를 준비하기 위함으로 비임산부와는 다른 기전이 발동된다. 임신 3분기 여성의 장내미생물은 임신 초기와는 근본적으로 다르다. 다양성이 크게 떨어지고, 비만을 일으키는 프로테오박테리아와 액티노박테리아가 많아진다. 임신 3분기 임산부들의 장내미생물을 이식받은 무균 쥐는 임신 1분기 장내미생물을 이식받은 무균쥐보다 체중, 혈당, 염증 수치들이 높이 올라간 시험 결과들이 나와 있다.

임신 제3분기(27~40주) 여성의 신진대사 지표는 잉여 체지방, 높은 콜레스테롤, 혈당 수치 증가, 인슐린 내성과 염증 수치 증가 등 비만으로 인한 건강장애를 겪는 사람과 비슷하다. 임신 중인 여성은 지방조직을 한 겹 덧붙임으로써 자라는 태아에게 안전 그물망을 제공한다. 태아의 성장, 모유 생산에 충분한 에너지 비축을 위한 신진대사의 변화에 맞춰 에너지 추출과 저장 능력을 최대화 시킬 수 있는 장내미생물로 바뀐다.

아기가 태어나면 여성의 장내미생물은 서서히 임신 전 상태로 돌아온다. 이는 모유수유 시 분비되는 호르몬과의 연관성이 점쳐지는 대목이다. 모유수유는 산모의 제2형 당뇨병이나 고콜레스테롤, 고혈압, 심장병의 위험을 낮춘다. 임산부의 몸에는 임신 27주부터는 적게 먹고도 많은 지방을 만들어내는 프로그램이 입력되어 있다. 각별한 관리와 노력이 필요하다.

● 임신 중의 적정 체중

대한산부인과학회에서 권장하는 임신 중 적정 체중 증가량은 10~12

킬로그램이다. 임신 중 체중 증가는 태아의 성장발달과 출산 후의 성공적인 모유수유의 밑바탕이 된다. 임산부 몸무게가 느는 것은 태아 성장, 양수 증가, 순환 혈액량 증가가 원인이다. 또 임신을 하면 지방과 단백질 축적이 늘고, 자궁과 유방이 커지는 것도 요인이다.

일반적으로 태아 2.8~3.5킬로그램, 태반과 양수 1.8킬로그램, 유방과 자궁 그리고 모체 체액 합하여 6킬로그램, 모체 지방조직 1~3킬로그램 등으로 임신 후 몸무게가 12~14킬로그램까지 증가하게 된다. 임신 중 권장 체중 증가는 임신 전의 체중에 따라 차이가 있다. 체중은 BMI(체질량지수) 계산법에 따라 저체중, 정상체중, 과체중, 비만으로 분류가 된다. 임신 전 저체중 산모는 체중증가 정상범위는 12.5~18킬로그램, 정상체중 산모는 11.5~15킬로그램, 과체중 산모는 7~11.5킬로그램, 비만 산모의 7킬로그램 미만 체중 증가가 바람직하다.

많은 전문의는 임신 8~20주에는 주당 300그램, 21주부터는 주당 500그램 정도 체중 증가를 적정하게 보고 있다. 임신 후 20킬로그램 이상 몸무게가 증가하면 임신 중 비만으로 볼 수 있다. 여러 통계를 보면 우리나라 임산부는 임신 기간에 대략 15~20킬로그램 정도 체중이 늘고 있다.

● 임신 중 식사량

한국영양학회에서는 입덧부터 임신 중기(4~7개월)까지는 150킬로칼로리, 임신 중기부터 후기(7~9개월)까지는 350킬로칼로리를 더 섭취할 것을 권장하고 있다. 임신하지 않은 한국여성의 권장량은 하루 2000킬로칼로리다. 따라서 임신 전반부에는 2150킬로칼로리/일, 후반부에는 2350킬로칼로리/일 정도가 섭취해야 할 열량이다. 이는 임산부의 체격과 활동

량에 따라 조금씩 차이가 있을 수 있다.

임신으로 인한 추가 필요 열량 300킬로칼로리는 그리 많지 않다. 두유 하나가 약 140킬로칼로리, 바나나 한 개가 120킬로칼로리 정도임을 감안하면 소량의 간식 섭취로 금방 채워지는 열량이다.

'임신했으니 두 사람 몫을 먹어야지'라는 생각은 자칫 과식을 부른다. 임신 기간에는 하루 300킬로칼로리 정도만 더 먹으면 된다. 입맛 당기는 대로 음식을 먹으면 과체중이 되고, 난산과 산후 비만으로 이어질 수 있다. 임신 중 과도한 체중 증가는 임신성 고혈압, 임신중독증, 분만 합병증 등의 문제를 야기할 수 있다.

의학저널 JAMA(The Journal of the American Medical Association) 최신호에 실린 한 연구에서는 3만 명의 출산 여성과 아이들의 건강상태를 분석했다. 여성의 임신 중 BMI와 혈당, 체지방량과 혈압 및 출산한 아이의 몸무게를 계산했다. 그 결과 임신 중 음식 섭취량이 많은 여성은 공통적으로 혈당이 높았고, 이들에서 태어난 아이들은 평균보다 몸집이 크고 몸무게가 많이 나갔다.

또한 임신 중 고혈압인 여성은 평균보다 체중이 적은 저체중아를 낳을 가능성이 높고, 산모의 혈중 지질은 과체중아 출산과 연관이 있는 것으로 밝혀졌다.

● 임신 기간 중 적절한 식이방법

임신 중 음식 섭취가 너무 적어도, 너무 많아도 태아에 악영향을 미친다. 때문에 영양가 풍부한 균형 잡힌 식단이 필요하다. 임신 기간 동안 급격히 체중이 불면 임신성 당뇨나 임신중독증 확률이 높아진다. 과다한 태아 성장이 난산의 원인이 되고, 임신성 고혈압뿐 아니라 뱃속 태아에게 치명적인 기형을 유발 할 수도 있다.

산모의 체중이 정상보다 적으면 태아가 저체중아가 되고, 태아 사망률이 높아지며, 뇌세포가 제대로 발달하지 못해 지능지수가 떨어질 수 있다. 따라서 임산부는 체력을 유지할 수 있는 정도의 식이요법을 실천해야 한다.

먼저, 칼슘, 철분, 단백질 위주의 영양이 풍부한 식단으로 식사를 한다. 인스턴트음식이나 과자는 피한다. 대신 견과류, 채소, 유제품처럼 아이의 뼈와 근육 발달에 좋은 영양 식단으로 대체한다. 또 간식은 고구마나 감자 오이 당근 등이 좋다. 이 식품들은 칼로리가 낮으면서도 영양이 풍부하고, 변비 예방 효과도 있다.

다음, 탄수화물보다는 단백질 섭취에 신경쓴다. 임산부의 3대 영양소 적정 섭취 비율은 탄수화물 65퍼센트, 단백질 20퍼센트, 지방 15퍼센트다. 태아의 성장에 가장 중요한 영양소인 탄수화물은 몸무게에 결정적 영향을 미친다. 우리나라 사람은 쌀이 주식이다. 임산부는 밥이나 빵을 주식으로 한다. 따라서 3대 영양소 중 탄수화물 섭취량이 상대적으로 많다. 임신 중 여느 나라 사람에 비해 체중이 더 많이 느는 요인이다. 탄수화물은 줄이고 두부, 해산물 등 질 좋은 단백질과 신선한 채소 위주의 식단이 바람직하다.

또 지나친 과일 섭취는 자제한다. 임신 중에 커피나 홍차 등 기호식품을 자제한다. 반대급부로 당도가 높고 청량감을 주는 과일 섭취가 늘어난다. 하지만 키위 포도 수박 같은 당도 높은 과일은 임신 중 체중을 늘게 한다. 열량 높은 과일은 소량 섭취하는 게 좋다. 특히 식사 후 바로 과일을 먹으면 혈당이 올라간다. 과일 섭취는 식사 1~2시간 후가 좋다.

또한 염분은 줄이고, 간식은 건강식으로 한다. 김치찌개, 자반 등 염분 많은 음식은 비만과 임신중독증을 유발한다. 특히 임신 후반기로 갈수록 염분 섭취는 하루 10그램 이하로 제한해야 한다. 대신 철분이 풍부한 음식으로 빈혈을 예방한다. 간식으로는 고구마, 감자, 오이 등 칼로리가 낮으면서 영양이 풍부한 식품이 좋다. 변비 예방에도 효과적이다.

임산부와 식품첨가물

현대의 아기는 옛날 아기에 비해 아토피, 알레르기로 고생을 많이 한다. 이는 환경오염 등 여러 원인이 있다. 그중의 하나가 임산부의 먹거리다. 오랜 기간 첨가물이 많은 인스턴트식품에 익숙한 임산부의 영향이 아기에게도 미치는 것으로 이해된다.

식품첨가물은 영양소를 더하거나 부패를 막고 색과 모양을 좋게 하기 위해 식품에 넣는 여러 가지 화학물질이다. 식품첨가물은 장기간 섭취해도 몸에 해롭지 않고, 중독성이 없어야 한다. 식품 첨가물은 필요성과 안전성이 확인된 후 엄격한 기준과 규격에 의해 최소량이 사용되고 있다. 그러나 규정을 준수해도 사람마다 섭취량이 다르고, 민감성도 차이가 나 안전을 장담할 수는 없다. 식품 첨가물 50~80퍼센트는 호흡기나 배설기관을 통해 배출되고, 나머지는 몸에 축적된다.

식품첨가물이 임산부를 통해 태아에게 전달되면 어른과 달리 유해성이 더 클 수밖에 없다. 식품 부유국일수록 가공식품이 많다. 우리나라는 식품 선진국이다. 주변에서 쉽게 접하는 라면, 요구르트, 과자, 청량음료, 즉석요리를 위한 중간 가공품, 햄, 소시지, 피자, 햄버거 등 첨가제를 쓰지 않은 것을 찾기 쉽지 않다. 따라서 음식 섭취, 특히 임산부는 자연 음식과 첨가물 기준을 준수한 식품 섭취가 바람직하다.

식품 첨가물 줄이는 법

식품첨가물 섭취를 줄이기 위해서는 가공식품, 인스턴트식품보다는 자연식품을 선택한다. 가당우유보다는 흰 우유, 음료수보다는 물, 어묵이나 생선통조림 보다는 생선, 과자보다는 감자나 옥수수 혹은 밤을 선택한다. 햄이나 소시지보다는 고기, 아이스크림보다는 얼린 우유나 얼린 과일즙 등 자연식품을 섭취한다. 이렇게 하면 무심코 섭취하는 식품 첨가물의 섭취량을 줄일 수 있다.

만약 가공식품이나 포장 채소나 과일을 섭취할 때는 첨가물 용량을 확인한다. 첨가물이 적게 든 제품을 선택하고, 물로 씻거나 데쳐서 먹는다. 가공식품이나 인스턴트식품 섭취 후 유독 증상이 나타난 경우에는 식품첨가물의 종류를 파악하고 피한다.

조리 과정에서 첨가물을 최대한 제거한다. 식품의약품안전처는 식품첨가물의 양을 엄격히 규제하고 있다. 그러나 한 끼 식사에 여러 가지 음식을 먹기 때문에 안심할 수는 없다. 식품첨가물을 다량 섭취하면 암, 생식기능장애, 아토피, 호흡곤란 등이 발생할 수도 있다. 그러나 첨가물이 들어가지 않은 음식이 거의 없는 현실에서는 조리 과정에서 최대한 제거하는 게 방법이다.

기본적으로 식품첨가물은 높은 온도에 약하다. 끓는 물에 음식을 살짝 데치면 쉽게 제거된다. 단, 데친 물에는 식품 첨가물이 녹아 있을 수 있기 때문에 버리고 새 물을 사용해야 한다. 단무지, 맛살, 두부 등에 주로 들어있는 사카린나트륨, 착색제, 산도조절제, 산화방지제, 살균제, 응고

제 등은 흐르는 수돗물에 헹구기만 해도 제거된다. 통조림 육류에는 아질산나트륨, MSG, 타르색소 등이 함유돼 있다. 대부분 기름에 녹아 있어 기름을 따라내고 키친타올로 기름기를 한번 닦아내면 된다.

데치거나 헹구는 것이 여의치 않을 땐 야채나 과일을 곁들여 먹으면 좋다. 식품첨가물 중 가장 흔히 쓰이는 방부제, 산화방지제, 발색제 등은 암 유발물질이므로, 항암효과가 있는 비타민C와 함께 먹으면 식품첨가물의 부작용을 어느 정도 예방할 수 있다. 비타민C는 딸기, 토마토, 귤, 레몬, 메론, 브로콜리, 감자 등에 많다.

생활 속 식품첨가물 줄이기

일상생활에서 쉽게 접할 수 있는 음식과 유해논란이 있는 식품첨가물과 첨가물을 줄이는 건강 TIP 을 알아본다.

치자황색소

자연물질에서 추출한 천연색소다. 치자에서 황색소를 추출해 내는 과정 중 유해물질이 첨가된다. 일부 동물실험에서 간독성이 보고된 바 있다. 국내에선 주로 노란 단무지를 만드는데 사용된다.

건강 TIP 단무지를 안전하게 먹으려면 찬물에 5분 이상 담가서 첨가물을 뺀 뒤 깨끗한 물에 헹궈 먹는다.

MSG

대표적인 식품첨가물이다. MSG의 주성분인 글루타민산나트륨은 많이 먹으면 신경막세포가 손상될 수 있다. 특히 유아의 경우 약간만 섭취해도 뇌하수체에 손상을 일으킨다. 성장 뿐 아니라 일반기능 이상을 가져올 수 있다. 민감한 사람은 두통, 메스꺼움, 호흡곤란을 호소하기도 한다.

빙초산

석유에서 추출한 화학물질이다. 식용 빙초산으로 시중에 유통되는 것 역시 빙초산을 물에 희석한 것이다. 일반 식초에 있는 영양성분은 전혀 없다. 빙초산은 강한 산성 물질이다. 직접 마실 경우 위장 등에 심각한 손상을 일으킬 수 있다. 심한 경우 사망에 이르게도 한다. 또한 피부에 닿을 경우 화상을 입기도 한다. 빙초산은 발암성 유해 논란 등으로 인해 현재 유럽 등에서는 식용 사용 금지 추세다. 국내에선 단무지, 피클 등 절임 식품에 계속 사용되고 있다.

식빵

식빵에는 무려 8~13가지 첨가물이 들어있다. 이는 제과점 식빵도 비슷하다. 우유식빵에는 주재료인 밀가루, 분유, 설탕, 우유, 이스트, 마가린이다. 이외에 재료를 잘 섞이게 하고 빵의 부드러운 식감을 살려주는 유화제, 빵을 부풀게 하는 팽창제인 염화암모늄과 황산칼슘, 단맛을 위한 포도당, 우유 향을 살리기 위한 합성 착향료인 밀크 에멀전, 빵이 빨리 상하는 것을 방지하기 위한 젖산, 버터 향을 위한 합성 착향료인 버터오일 등이 들어간다. 또한 식빵은 대부분 수입산 밀이 사용된다. 수입산 밀은 운반 과정에서 변질을 막기 위해 수확 후 보관 과정에서도 계속 농약을 뿌리는 경향이 있다.

건강 TIP 구워서 먹는다. 전자레인지에 데워먹는다

두부

건강식품인 두부에도 화학첨가물이 들어간다. 포장두부는 제작 과정에서 거품을 제거하기 위해 실리콘수지로 된 소포제를 사용한다. 단단하게 만들기 위해 황산칼슘의 응고제와 부드러운 식감을 살리기 위한 글리세린지방산에스테르가 들어있는 유화제를 첨가한다. 식품에 들어가는 황산칼슘은 정제된 형태로 인체에 무해하다. 그러나 과도하게 섭취할 경우 과칼슘혈증, 호흡장애, 심장장애 같은 부작용을 일으킬 수 있다. 우리나라에는 함량 기준이 없는 상태다.

건강 TIP 포장을 모두 제거한 후 찬물에 씻는다. 남은 두부는 물에 담가 냉장고에 보관한다. 또한 포장에 적힌 식품첨가물의 목록을 잘 살펴 '무소포제, 무유화제'라고 쓰인 두부를 찾아 사 먹는 것도 방법이다.

라면

인산나트륨 산화방지제가 들어 있다. 빈혈과 신장기능, 뼈에 이상을 초래할 수 있다.

건강 TIP 두 개의 냄비에 물을 끓인다. 한 쪽 냄비엔 면만 삶고 찬물에 헹군 후 다른 냄비에 물이 끓으면 다시 끓인다. 스프는 반절만 넣고 된장을 좀 풀면 미생물에게도 나쁘지 않은 라면이 된다.

소시지류

발색제, 보존제, 식용색소가 들어가 있고 알레르기를 유발할 수 있다.

건강 TIP 칼집을 넣어 1분간 삶는다. 야채와 곁들어 먹으면 좋겠다.

오징어 진미채

착색료와 산도 조절제가 포함돼 있다. 간, 혈액, 신장, 생식기 기능 저하가 유발될 수 있다.

건강 TIP 잘라서 뜨거운 물에 데친다.

과일 통조림 류

식용색소, 합성감미료, 방부제, 산화방지제 등이 들어있고 중추신경마비, 출혈성위염, 콜레스테롤을 상승시킬 수 있다.

건강 TIP 체에 걸러 찬물에 헹궈 물기를 없앤다.

어묵류

어묵 등의 제품은 2~3퍼센트의 과산화수소액을 순간적으로 사용해 표백 효과를 얻는다. 식품 중의 과산화수소는 비교적 장기간 남아 있는다. 때문에 사용 기준을 정해 잔존량을 규정하고 있다. 아질산염과 보존제가 들어가 있어 발암 위험이 있다.

건강 TIP 뜨거운 물에 한 번 데쳐 요리한다.

맛살

착색제와 산도조절제가 들어 있다. 생식 기능 저하시킨다.

건강 TIP 흐르는 찬물에 헹군다.

옥수수 통조림

방부제와 산화방지제가 들어있다.

건강 TIP 체에 바쳐 찬물에 헹군다.

베이컨

아질산나트륨, 인공색소, 산화방지제가 들어 있어 발암 위험이 있다.

건강 TIP 끓는 물에 데친 후 키친 수건을 올려 기름을 제거한다.

산모를 위한 특별식

모유는 아기에게 최고의 음식이다. 그러나 아기가 평생 모유만 먹을 수는 없다. 생후 6개월 무렵이면 모유로 섭취하는 영양에 부족함이 느껴지게 된다. 아기가 폭풍 성장하는 두 돌까지는 철분과 아연 등 미세원소가 충분해야 한다. 따라서 아기가 6개월 전후에 이유식을 시작한다.

엄마에게 이유식은 설렘이다. 이 세상에서 가장 정성이 많이 들어간 게 아이의 첫 음식인 이유식이기 때문이다. 이유식을 먹을 만큼 자란 아이가 대견하고, 이유식을 만드는 자신이 뿌듯해지는 경험을 한다. 재료 선정, 조리 도구, 먹는 그릇도 세심하게 정성으로 준비하게 된다. 엄마는 한 숟가락 먹이는 그 순간을 기억한다. 아이의 반응에 행복감을 느낀다.

그런데 엄마는 아기에게 이유식을 준비해서 먹이듯, 자신을 위해서도 음식을 선별해야 한다. 태아든, 아기든 엄마의 건강에 절대적 영향을 받는다. 특히 태아에게 전달되는 영양분은 엄마의 먹거리에 따라 달라진다. 엄마가 밝고 건강해야 아기에게도 긍정요소가 많게 된다.

산모를 위한 특별식을 만드는 포인트다. 머릿속에서 칼로리 계산을 지우고, 음식의 종류와 질을 생각해야 한다. 그 방법을 안내한다.

첫째, 시장을 자주 본다. 모든 재료는 많이 사지 않는다. 1주일 내에 소비할 만큼만 준비한다. 이것이 질 좋은 음식을 먹는 길이다.

둘째, 자연재배나 저농약 재배 채소와 과일을 구입한다. 자연재배 식품은 비료 농약을 사용하지 않은 것이다. 자연조건의 친환경 농법으로 수확한 농산물은 비타민, 미네랄, 피토케미컬 등이 풍부하다.

셋째, 싱싱한 채소와 과일을 구입한다. 갓 수확한 농산물을 산다. 한꺼번에 많이 사지 않는다. 구입 2~3일 내에 먹는다. 주위의 로컬푸드 판매점을 이용하면 신선한 재료 구입이 쉽다. 비타민 손실 최소화를 위해 수확 후 24시간 이내에 먹는 게 좋다. 늦어도 2~3일 내에 섭취한다.

넷째, 유기농보다는 신선도다. 신선한 야채, 과일을 사면 잔류 농약을 줄이는 게 좋다. 세척을 잘 하는 게 가장 좋은 방법이다. 야채의 잔류 농약을 줄이려면 먼저 수돗물에 1분 정도 담가둔다. 다시 새 물을 받아서 1분 이상 손으로 저어 물의 마찰로 씻는다. 이후 30초 이상 흐르는 물에 씻는다.

다섯째, 냉동이 아닌 신선한 수산물을 구입한다. 얼리지 않은 신선한 수산물은 수산시장에 가면 쉽게 구한다. 그러나 현실은 녹록치 않다. 이에 대한 대안은 반 건조 생선을 구입해 냉동실에 보관하며 먹는 것이다. 생선을 오래 보관하면서도 영양 손실이 적은 게 장점이다. 물론 오랫동안 보관하는 건 좋지 않다.

여섯째, 항생제와 성장호르몬을 쓰지 않은 고기를 구입한다. 임신을 하면 필수 아미노산과 필수 지방산 및 미네랄, 비타민이 더 많이 필요하다. 동물성 육류에서 섭취하는 게 가장 효과적이다. 임산부는 양질의 고기 섭취가 꼭 필요하다. 동물성 단백질 공급은 고기. 계란, 우유 등이다. 계란은 유정란이면서 무항생제로, 우유는 무항생제 우유가 좋다. 고기는 풀을 먹여 키운 게 제일 바람직하다. 차선책으로 항생제, 살충제, 성장호르몬 주사를 맞지 않은 고기여야 한다.

일곱째, 자연에서 채취한 해조류를 구입한다. 해조류는 풍부한 미네랄을 공급한다. 몸에 들어온 중금속 등 나쁜 성분들을 배출시키는 해독작용을 한다. 임산부에게 필요한 재료다.

여덟째, 조리도구는 도자기, 유리, 스텐레스로 만든 것을 사용한다. 열이 가해지는 조리도구는 코팅 제품은 좋지 않다. 코팅 제품을 사용해도, 오래 쓰지 말고 교체해야 한다. 도자기 제품 사용 때는 세제 사용을 금한다. 대신 식초나 베이킹 소다를 이용해 세척한다. 플라스틱 제품은 피한다. 플라스틱은 씻을 때 세제를 흡수했다가 뜨거운 게 닿으면 흡수 세제를 배출한다. 임산부는 인간의 세포를 공격하는 환경 독소를 최소화 하는 게 좋다.

세포의 수호천사 컬러푸드

생명을 잉태하면 음식을 각별히 신경 써야 한다. 임부의 섭취 음식이 새 생명의 질을 높일 수도, 낮출 수도 있기 때문이다. 그렇기에 태교 중의 으뜸은 음식태교라고도 한다. 임산부에게 유용한 프리미엄급 컬러푸드 태교가 있다. 영양의 질을 높이고 행복한 정서에 영향 미치는 음식 섭취법이다.

과일과 채소는 몸에 좋다. 비타민, 무기질, 섬유질 등이 풍부한데다 항산화 효과가 탁월하기 때문이다. 사람은 음식을 섭취해 필요한 에너지를 얻는다. 숨을 쉴 때 마신 산소가 미토콘드리아에서 영양분으로 만들어진 포도당을 분해시킨다. 이때 에너지가 생산되면서 이산화탄소, 산소가 발생한다. 이 산소가 활성산소(active oxygen)다.

적정 활성산소는 몸에 유용하다. 기능이 떨어진 세포나 암과 같은 비정상 세포는 활성산소를 많이 만들어낸다. 이를 표식으로 활성산소에 반응하여 자기교정과 세포자살(Aapotosis) 기전이 작동한다. 이 같은 원리로 활성산소는 암 등 몸의 불건강 요인을 예방한다.

그러나 산화력이 강한 활성산소는 적정량이 넘으면 오히려 정상 인체조직을 파괴한다. 건강을 위협하는 존재로 돌변한다. 활성산소가 정상세포를 공격해 몸을 망가뜨린다. 불포화지방산을 과산화시키고, 생체막의 손상을 유발한다. 핵산도 공격하여 염색체의 돌연변이를 일으킨다. 암과 각종 질병을 발생시킨다. 또 신체 기능을 저하시켜 노화 등을 유발한다.

활성산소를 줄이는 게 항산화물질(antioxidants)이다. 활성산소 방어기제인 항산화물질은 임신을 하면 더욱 필요하다. 적극적인 항산화 작용으로 아기에게 좋은 자궁 환경을 제공해야 하기 때문이다. 이 방법이 바로 컬러푸드 태교다. 과일은 크고 좋은, 채소는 싱싱하고 깨끗한 것의 선택과 함께 여러 가지 색깔의 과일, 채소라는 조건이 더해지는 것이다.

현대인은 제약회사나 식품회사에서 생산된 항산화제를 약처럼 복용하는 경우가 많다. 이는 때로는 해가 될 수도 있다. 과잉 섭취 경우가 많기 때문이다. 이 경우 불필요한 에너지를 더 소모하고, 결과적으로 활성산소가 더 만들어질 수도 있다. 따라서 가장 이상적인 것은 음식으로 섭취하는 것이다. 인체는 지구 생태계처럼 복잡하게 연관되어 있다. 그렇기에 특정 성분만의 약물보다는 여러 영양 성분이 포함된 음식을 섭취하는 게 부작용이 적고, 효과도 더 높일 수 있는 방법이다.

여러 색깔의 과일과 채소는 다양한 종류와 다른 양의 항산화 물질이 들어 있다. 그래서 한 가지 컬러가 아닌 2가지 이상 색깔의 야채, 과일을 섭취하면 항산화 효과가 더 높아진다.

색색마다 다른 성분이 바로 피토케미컬이다. 식물은 잎과 뿌리에서 스스로를 보호하기 위해 각종 화학물질을 만들어 낸다. 이것이 피토케미컬로 항염, 항암, 항산화 작용을 한다. 암 등 심한 병에 걸린 사람이 산에서 생활하며 직접 채취한 산나물 위주의 식생활로 회복된 사례를 접하기도 한다. 회복 원인은 몇 가지로 추측할 수 있다. 건강한 미생물이 많은 자연

환경, 심신의 안정과 함께 제철의 산나물에 포함된 피토케미컬 등이다.

컬러푸드 방법의 예를 든다. 채소로 녹색을 섭취했으면, 과일은 빨강과 노란색을 선택한다. 이 경우 세 가지 이상의 컬러푸드를 섭취하게 된다. 자연스럽게 항산화 기능이 큰 비타민A, C, E, K와 수십 종의 피토케미컬과 효소들이 해독작용을 상승시키게 된다. 임산부에도 도움되는 과일과 채소를 색깔별로 정리했다.

- 녹색 : 애호박, 녹색 올리브, 완두콩, 샐러리, 아스파라거스, 오이, 녹색 고추, 멜론, 아보카도, 녹색 키위, 브로콜리, 신선초, 쑥갓, 청포도.
- 빨간색 : 붉은 고추, 비트, 붉은 양배추, 토마토, 체리, 수박, 딸기.
- 노란색/주황색 : 강황, 당근, 호박, 고구마, 골드 키위. 파인애플, 망고, 복숭아, 레몬, 감, 파파야, 살구, 오렌지.
- 파란색/ 남색/ 보라색/ 검정색 : 보라색 케일, 보라색 양배추, 검정 올리브, 가지, 블랙블루베리, 포도, 아로니아.

해초류도 녹조류, 갈조류, 홍조류가 있다. 수심에 따라 받아들이는 햇빛에 양이 달라짐에 따라 각각의 색깔마다 피토케미컬이 다르다.

- 녹조류 : 김, 매생이, 파래.
- 갈조류 : 미역, 다시마, 톳.
- 홍조류 : 청각, 우뭇가사리.

생선도 흰 살 생선, 붉은 살 생선, 등 푸른 생선 등을 다양하게 섭취하는 게 영양의 질을 높이는 방법이다.

건강한 삶과 제대로 먹는 법

오늘날 식품 공급의 특징은 글로벌화다. 대형 회사가 경영하는 공장에서 대량 생산돼 전 세계에 유통되는 시스템이다. 오랜 시간과 먼 거리 이동에도 불구하고 그대로의 맛과 형태를 유지하는 가공법 발달이 글로벌화의 밑바탕이다. 이로 인해 도시는 물론이고 농촌도 자급자족 시스템이 점점 줄고 있다. 음식의 시스템화 한편에서는 먹거리 테마의 방송 프로그램들이 사람의 식욕을 자극한다. 먹기 위해 사는 건지, 살기 위해 먹는 건지가 분간이 어려울 정도다. 사람은 분명 살기 위해 먹는다. 사람은 먹는 대로 변한다. 음식은 결국 약이다. 동의보감에서는 식약동원(食藥同源)으로 표현했다. 음식과 약의 근원이 같음을 의미한다. 실생활에서는 식치(食治)가 약치(藥治)에 앞섰다. 음식으로 몸을 건강하게 하는 게 우선이다.

하지만 요즘의 현실은 어떤가. 건강한 삶과는 거리가 있는 무문별한 식단도 존재한다. 제대로 살기 위해서는 제대로 먹어야 한다. 건강한 삶으로 이끄는 제대로 먹는 법을 소개한다.

적게 먹는다.

소식은 동서고금을 막론하고 가장 원론적인 건강 비결이다. 소화 작용이 되려면 체내 효소가 필요하다. 몸에서 만들어지는 체내 효소는 하루 생성량이 정해져 있다. 체내 효소는 소화와 대사의 두 작용에 균형 있게 쓰인다. 그런데 과식은 소화효소를 필요 이상으로 소모시킨다. 효소의 과소비로 이어진다. 이는 생명활동에 쓰일 효소 부족을 야기해 질병 발생의 원인이 된다. 소화, 흡수된 영양소는 피가 되고 근육이 되고, 해독과 면역 등의 대사 작용을 가능하게 한다. 대사에 쓰일 효소를 충분하게 하는 방법은 적게 먹는 것이다. 적게 먹어야 제대로 살 수 있다.

꼭꼭 씹고 천천히 먹는다.

오래 씹어야 음식의 참맛을 느낄 수 있다. 잘 씹지 않은 음식은 위장에 부담을 준다. 무엇보다 뇌 시상하부의 '포만 중추'를 자극하지 못해 과식을 초래한다. 과식은 질병의 시발점이자 원인이다.

순서대로 먹는다.

생과일과 생채소→단백질 식품→탄수화물 식품 순으로 먹는 게 좋다. 생과일과 생채소에는 체외 효소가 들어 있다. 동물성 음식 소화에 효과적으로 작용한다. 가장 먼저 먹으면 체내 소화효소 소비를 줄일 수 있다. 다음이 단백질 식품이고, 맨 나중에 탄수화물 식품 순으로 섭취하는 게 이상적이다. 식후 디저트로 먹는 과일은 순서로 보면 좋지는 않다. 발효식품인 된장국, 김치는 식사 전 과정 어디에 들어가도 좋다.

저녁 식사는 규칙적으로 한다.

이른 저녁을 먹어 12시간 금식으로 위장관을 쉬게 하면 좋다. 저녁을

늦게 먹거나 야식 후 바로 잠을 자는 것은 금물이다. 밤에 휴식을 취해야 할 소화기관이 계속 일을 하게 되기 때문이다. 또 그 작용은 낮보다 약하고 느리다. 제대로 소화도, 영양 분해도 못 시킨다. 밤늦게 먹은 다음날 아침에는 뱃속이 불편하다. 또 몸이 붓고, 컨디션도 떨어진다.

가끔 단식을 한다.

단식은 소화효소를 줄이는 극단적인 방법이다. 야생 동물은 몸에 이상이 생기면 아무것도 먹지 않고, 적게 움직인다. 사람도 마찬가지다. 몸에 상처가 나고, 질병 상태일 때는 움직임을 덜하게 된다. 몸을 회복하려면 해독, 면역 등 생명활동에 쓸 대사효소의 양을 늘려야 한다. 이를 위해서는 소화용 효소량을 줄여야 한다. 이를 몸이 아는 것이다.

가끔의 단식은 장내미생물군에 좋은 환경을 위해서도 필요하다. 위장이 비어 있으면 주기적인 고진폭 수축 운동이 일어난다. 위장관 복합 운동으로 식사와 식사 사이에 분해할 수 없는 것을 모두 제거한다. 이는 장관 내 소화할 음식이 없을 때, 잠들었을 때 일어나고 아침 식사 시작하면 사라진다. 식도에서 대장 끝까지 일어나며 췌장과 쓸개는 동시에 소화액을 분비한다. 소장의 미생물이 대장으로 쓸려 보낸다. 적은 수의 미생물만 거주해야 소장에서는 세균과다증식증이 억제된다. 뇌와 장의 의사소통에 필수요소인 장내 감각 기전도 다수 초기화된다. 식욕통제기전(콜레시스토키닌, 렙틴-식욕 어제호르몬의 민감도)이 회복된다.

행복하게 식사를 즐긴다.

행복한 감정은 장내미생물군을 즐겁게 하는 신호를 보낸다. 유익한 대사산물을 생산한다. 사랑하는 가족과의 식사는 명약 중의 명약이다. 반면에 스트레스를 받거나 화났을 때, 슬플 때 먹는 것을 자제한다. 부정적인 감정 상태는 장 반응을 통해 장 누수를 만든다. 장 면역체계를 활성화하며, 장 내벽의 내분비 세포를 자극한다. 이로 인해 스트레스 호르몬인 노르에피네프린과 세로토닌 같은 신호전달물질을 분비하게 하고, 장내 유익균의 수를 감소시킨다.

건강과 체외효소 섭취

무엇을 먹어야 할까. 건강한 삶을 위한 먹거리 방법이 있다. 무엇보다 체외 효소가 많은 음식을 먹는다. 체외 효소는 9번째 영양소다. 주요 영양소인 탄수화물, 단백질, 지방과 비타민, 미네랄, 식이섬유, 물, 피토케미컬 다음으로 중요한 영양소다.

효소란 무엇일까. 음식 섭취로 소화 흡수된 영양소는 생명 에너지로 바뀐다. 인체의 세포마다 300~400개 미토콘드리아에서 이 작업이 이루어진다. 효소는 이 같은 생명 에너지로 전환되게 하는 촉매제다. 효소가 없으면 살아가는데 필요한 에너지를 만들 수 없다. 효소는 체내 효소와 체외 효소로 나뉜다. 체내 효소에는 소화 효소와 대사 효소가 있다. 체외 효소는 식이 효소와 장내세균 효소로 분류된다. 체내 효소는 세포 속 핵의 DNA 정보에 따라 만들어진다. 체외 효소는 음식을 통해 섭취한다. 체내 효소는 2만여 종류로 소화효소 24종류, 그리고 나머지는 대사효소다.

소화 효소는 소화 기관에 존재한다. 음식 소화, 영양 흡수에 쓰인다. 대사 효소는 모든 세포와 조직에 존재하며 각기 다른 작용을 한다. 소화, 흡수된 영양소를 몸의 구성성분으로 바꿔준다. 또 에너지 대사의 촉매 작용을 한다. 활성산소 제거, 면역 작용, 혈액 정화, 해독 정화도 주요 기능이다. 또한 손상세포 복구, 혈압조절, 근육의 움직임 등 건강한 삶을 가능하게 하는 게 대사효소의 역할이다.

체내 효소량은 개인마다 생성량이 다르다. 태어나는 순간부터 체내 효소 생산 능력이 뛰어난 사람은 병에 잘 걸리지 않는다. 건강 체질을 타고 난 것이다. 여성이 임신 전부터 체외 효소가 많은 음식 섭취 습관을 지녔으면 난소의 효소가 많아진다. 또 효소가 많은 체질이 유전된다. 엄마는 그 무엇보다 건강한 아기를 열망한다. 그 꿈이 현실이 되어 건강한 아기를 품에 안으려면 노력이 필요하다.

체내 효소량은 개인마다 다르지만 평생 생산량이 정해져 있다. 20대에 절정에 달하고 40대부터는 급격히 감소된다. 젊은 시절에는 며칠을 쉬지 않고 일해도 하루 푹 쉬면 피로가 풀린다. 그러나 많은 40대는 하루를 무리하게 일하면 3일 넘게 피로가 풀리지 않음을 느낀다. 이는 대사 효소량과 관련이 깊다.

체내 효소량은 하루 생산량도 정해져 있다. 하루의 체내 효소 일정량을 소화와 대사로 나누어 쓴다. 소화보다는 대사 쪽에 효소를 많이 쓸 수 있게 해야 생체 대사 작용이 원활히 이루어져 건강하다. 이를 위해 과식으로 인한 효소 낭비를 막아야 한다. 음식을 통해 체외 효소를 만들어야 한다. 체내 효소를 늘려줄 수 있는 음식을 먹어야 한다.

장 건강과 섬유질 음식

섬유질은 장 건강에 도움이 된다. 효소만큼이나 중요하다. 21세기 만성 질환의 주요 원인은 항생제 과다 사용, 섬유질 부족 식생활, 자연출산과 모유수유 감소다. 제왕절개 수술과 분유수유하는 엄마로부터 아기에게 전해지는 미생물의 대물림을 줄게 한다. 섬유질은 장내 유익균 증가, 체외 효소인 단쇄지방산 생산 증가 효과가 있다. 장내 환경을 건강하게 만드는 주역이다.

섬유질의 효과는 다양하다. 유해물질과 중금속을 흡착해 배출시킨다. 섬유질은 장내세균의 먹이가 돼 비타민B군 합성에 기여한다. 장벽을 자극하여 위장 운동과 소화액 분비를 촉진한다. 담즙산의 재흡수를 억제하여 혈중 콜레스테롤의 양을 감소시킨다. 소장에서의 소화 시간을 늘려줌으로써 장에 당분이 흡수돼 혈당이 상승되는 것을 완화시킨다. 비피더스 같은 장내 유익균을 늘린다. 장내미생물총의 균형을 유지하게 함으로써 변비를 예방한다. 수용성 식이섬유가 많은 음식에는 귤, 사과, 바나나. 키위, 미역, 다시마, 큰실말, 참마, 곤약 등이 있다.

탄수화물과 쌀밥의 오해

탄수화물이 많은 쌀밥은 다이어트의 주적으로 낙인찍혔다. 쌀은 여름의 햇살과 물을 머금고 자라 가을에 수확된 씨앗이다. 단백질과 비타민도 함유한 에너지 덩어리다. 섭취하면 바로 혈당에 변화를 주어 에너지가 되는 효율적인 영양소다. 한국인은 수천 년에 걸쳐 자연스럽게 이 에너지원을 찾았다. 문화 DNA가 된 쌀의 에너지를 찾는 욕망을 지나치게 제한하면 문제가 발생한다. 육체는 더욱더 갈구하게 돼 오래 버티지 못한다. 탄수화물은 비만과 같은 현대인의 건강에 악영향을 주는 요소로도 작용한다. 하지만 쌀밥에서 얻는 탄수화물은 건강외 악영향 요소에서 제외하는 게 타당하다.

흰 쌀밥은 밥상의 중용이다. 쌀밥은 기본 식단으로 유지되어야 한다. 지나친 탄수화물 섭취는 만성질환의 뿌리가 된다. 현대인은 쌀밥으로 인한 탄수화물 중독보다도 밀가루를 재료로 한 먹거리에 위협당하는 게 바른 진단이다. 빵, 케이크, 쿠키, 도넛, 피자, 햄버거, 파스타, 라면 등이 탄수화물 다량 섭취의 주범이다.

밥을 지을 때는 물과 열만 작용한다. 다른 것은 첨가되지 않는다. 반면 밀가루가 주원료인 많은 먹거리는 설탕과 유지방이 기본으로 들어간다.

또 여러 가지 첨가물도 포함된다. 탄수화물을 줄이는 방법은 밀가루 음식을 적게 먹는 게 현실적이다.

현미밥은 건강에 좋은 것으로 알려져 있다. 현미는 벼의 왕겨만 벗겨낸 상태다. 씨앗과 거의 다르지 않다. 현미, 콩, 팥에는 이브시스산과 트립신 인히비터 물질이 들어 있다. 이 물질은 씨앗이 일정한 조건이 갖춰지지 않으면 싹을 틔우지 못하게 하는 효소 억제제다. 온도, 습도가 갖춰지면 씨앗에서의 방어 기능이 소실되면서 발아가 가능해진다. 방어 상태의 씨앗을 먹는 건 발아를 저해하는 효소 억제제를 함께 먹는 셈이다. 인체는 효소억제제를 완화시키거나 배설하기 위해 체내 효소들을 아주 많이 사용하게 된다. 따라서 소화력이 떨어지는 노약자는 현미, 콩, 팥이 많은 식사를 하면 트림을 자주 하고, 소화불량을 이야기 하는 경우도 있다.

효소 저해 물질인 이브시스산과 트립신 인히비터은 물에 12시간 이상 담가 발아시키면 상당부분 제거된다. 다음에 음식을 삶고, 굽고, 기름 없이 볶는 등의 방법으로 발효시키면 좋은 건강식품이 된다. 된장, 낫또, 청국장이 좋은 예다. 현미로 밥을 지을 땐 12시간 이상 물에 불린다. 압력솥보다는 일반 솥에 천천히 익혀 밥을 하고 50번 이상 씹어 먹는다. 절대 날로 먹어선 안 되는 씨앗류는 현미, 콩, 팥, 땅콩, 아몬드, 수박씨, 포도씨, 감씨 등이다.

임신 입덧과 굿바이 우울증

임신 5개월 즈음부터 배가 눈에 띄게 부르기 시작한다. 날씬한 몸매를 자랑하던 여성도 배가 나오고, 가슴이 커진다. 변하는 몸을 보면서 신기해하는 임산부도 있지만 속상해 하는 경우도 있다. 호르몬 변화로 인해 마음이 싱숭생숭해진 결과다. 50퍼센트 가량의 임산부는 임신 우울증을 경험한다. 우울하면 몸도, 마음도 무거워진다. 마음의 활력이 사라지고, 신체에도 악영향이 미친다. 마음이 우울하고, 의욕이 떨어지면 만사가 귀찮아진다. 마음 우울에다 신체 변화도 큰 임산부는 더욱 힘들다. 마음의 변화는 임산부 혼자 감당하기는 힘들다. 임산부가 우울하면 아기도 우울해진다.

사랑하는 연인이 아기를 갖는 것은 큰 행운이다. 하지만 행운을 얻기 위해 지불해야 하는 대가는 만만치 않다. 임산부는 평소보다 혈액량이 늘고, 심장 부담이 커진다. 아기가 커가면서 임산부의 내장 위치도 변한다. 인간의 기본 기능인 먹는 것과 대소변의 패턴도 바뀐다. 임신 주수가 길어질수록 불편함은 점점 더 늘어난다. 이 모든 신체 변화는 아기를 가진 여성의 몫이다. 이때 남편은 임산부를 위해 고민해야 한다. 임산부가 신체 변화와 입덧 등으로 힘들어할 때 심적인 고통을 나누는 자세를 가져야한다. 몸과 마음은 같이 움직인다.

신체 고통은 정신의 우울함을 유발한다. 몸이 아프면 즐거운 기분을 유지할 수 없다. 임신은 하루 이틀로 끝나는 과정이 아니다. 옆 사람과 나눌 수 있는 것도 아니다. 하지만 엄마는 견뎌낸다. 심지어 암이 발병해도, 아기를 위해 독한 항암제 치료를 출산 후로 미루는 경우도 있다. 극단적인 예이지만 주변에서 종종 볼 수 있다.

사랑의 얼굴과 재채기는 숨길 수가 없다. 남편의 전폭적인 지지와 보살핌을 받는 임산부는 얼굴 표정부터 다르다. 사랑받고 지지받는 사람의 자신감과 자존감은 얼굴과 몸짓에 나타나 금세 알 수 있다. 사랑받는 임산부에게는 엔돌핀, 세로토닌, 옥시토신 등의 호르몬 분비가 왕성하다. 사랑의 감정과 즐거움이 충만할 때 샘솟는 긍정 호르몬은 신체 이완, 면역력 강화, 항염 기능을 한다. 임산부는 면역기능이 떨어지고 신체 피로도가 높을 수밖에 없다. 조금만 무리해도 감염이나 질병에 노출되기 쉽다. 임산부가 주위의 보살핌을 잘 받고 지지를 잘 받는다면 병균에도 훨씬 강하다. 임신 중에는 혹여 라도 아기에게 위험할까 약도 먹지 않는다.

대부분의 임산부는 입덧을 한다. 임산부의 70~85퍼센트가 경험한다. 이중에 50퍼센트 정도는 구역질과 구토가 동반되고, 약 25퍼센트는 구역질 증상만 보인다. 사람에 따라 중증도는 다른데, 심한 경우 출산 전까지 지속된다.

사회생활 하는 남성이나 여성이나 술에서 자유롭지는 못하다. 음주 다음날은 술 냄새만 맡아도 토할 것 같다. 구토 때는 위액도 토하고, 심하면 피까지 토한다. 입덧이 심한 임산부도 이와 비슷한 구토를 경험한다. 그런데 이런 상태가 언제 끝날지 알 수 없다. 몇 날 며칠 입원을 해 링거를 맞기도 한다. 음식 글자만 봐도 토가 쏠린다. 계속 구역질이 올라와 얼음을 입에 물고 살기도 한다. 남편이 사온 음식에 젓가락을 대는 순간 구역질이 올라와 변기를 붙잡고 토하기도 한다. 심하게 토하면 얼굴 핏줄이 터지기도 한다. 심한 입덧 때 같이 오는 것이 두통이다.

남편은 입덧하는 아내의 몸과 마음을 살펴야 한다. 남편의 따뜻한 말 한마디에 위로받는 게 임산부다. 아프고 힘들면 짜증이 난다. 임신을 하면 신경이 날카로워 짜증 빈도와 시간이 많아진다. 이때 지지해주고 짜증을 받아줄 사람은 남편이다.

짧은 말 한마디와 눈빛 하나가 물줄기를 바꿀 수 있다. 임산부는 남편의 말 한마디에 극히 예민하다. 임신한 여성의 마음과 태아의 마음은 서로 밀접하게 연결되어 있다. 임신을 그다지 반기지 않는 엄마의 아기는 뱃속에서 숨죽여 지낸다. 심지어 원치 않는 임신을 한 엄마의 마음을 읽은 아기는 자살한다는 설도 있다.

임산부의 마음을 움직이는 결정적인 사람은 남편이다. 아기의 정서는 엄마가 만들고, 엄마의 정서는 남편이 결정한다. 임신은 아내와 남편이 함께 새 생명의 몸과 마음을 창조해가는 위대한 작업이다.

출산과 모유수유

6

출산의 4단계 / 출산 전 분만 증후 / 함몰 유두와 산전 마사지 /
모유수유와 젖 빨기 좋은 조건 / 양수, 태아의 열 달 생명수

출산의 4단계

아기는 알고 있다. 누가 자신을 축복해주는지를! 아기는 태어날 때부터 피부 느낌으로 안다. 따뜻하게 축복해 주는지, 그저 그렇게 안고 있는지를 안다. 다만 말할 수 없기에 울기만 한다. 출산은 복습하면 늦는다. 아기를 잘 낳고 키우려면 예습이 정답이다. 아기를 맞이하는 연습 과정이 필요하다.

정상적인 출산은 임신 37주로부터 42주 미만이다. 이 시기에 태어난 아이를 만삭아라고 한다. WHO의 권고를 기준하면 유산은 23주까지, 조산은 24~36주, 과기산(過期産)은 42주 이후의 분만이다.

출산과정은 자궁문이 열리는 제1기, 태아가 탄생하는 제2기, 자궁에서 태반이 유출되는 제 3기의 세 단계로 나눌 수 있다. 출산에 걸리는 시간은 초산모가 12~18시간 , 경산의 경우에는 6~8시간 정도다. 출산의 진행에 따라서 라마즈, 소프롤로지, 복식 호흡법 등 다양한 감통의 이완법을 활용하면 좋다.

먼저, 분만 제1기다. 개구기 또는 준비기다. 진통(자궁수축)이 시작돼 자궁문이 완전히 열릴 때까지다. 진통이 시작되면서 닫혀있던 자궁문이 10센티미터까지 열리는 과정이다. 출산 전체에서 가장 많은 시간이 소요

되는 단계다. 초산부는 10~12시간, 경산부는 4~6시간 걸린다. 진통이 5~10분마다, 1시간 정도로 규칙적이면 분만 1기는 시작 된다. 이때부터 태아가 통과할 정도로 자궁문이 완전히 열릴 때까지, 즉 자궁의 입구가 10센티미터 정도로 완전히 열린 상태까지가 분만 1기에 해당된다.

분만 1기는 임산부의 자궁문이 열리는 준비 기간은 각자 다르다. 일반적으로 자궁문이 2센티미터 열린 상태부터 다 열릴 때까지는 초산모가 8~10시간, 경산모가 4~6시간 걸린다.

차병원 출산정보에 의하면 진통 간격이 짧아질수록 자궁문은 점점 크게 열린다. 일반적으로 진통의 간격이 5~6분이면 자궁문이 5센티미터 이하로 벌어지고, 2~3분 간격이면 7~9센티미터 벌어진다. 초산모는 5센티미터 열리기까지 5~6시간, 7~8센티미터 되기까지 1~2시간, 완전히 10센티미터가 열리기까지는 30분~1시간이 더 소요된다.

진통을 줄이는 방법이 있다. 분만 1기는 장시간에 걸쳐 자궁문이 서서히 열린다. 편안한 자세와 몸을 이완하는 것이 중요하다. 옆으로 눕거나 베개를 이용하여 가장 편안한 자세를 취한다. 자궁 수축이 없어서 배가 아프지 않을 때는 음악이나 태아와 소통을 하면서 몸과 마음을 충분히 이완시킨다. 출산준비하면서 익혀둔 라마즈 호흡, 소프롤로지분만법, 감통호흡법 등을 하면 진통 약화에 도움이 된다. 또는 편안한 휴식, 복식 호흡만 해도 진통 약화에 효과적이다 .

남편이 산모의 불안을 감소시키고 정서를 안정시키기 위해서 근육을 이완시키는 터치 마사지도 효율적이다. 진통이 강하고, 호흡이 힘들 때는 바로 누워 허리 밑에 주먹을 넣어 요골을 압박하는 것도 효과적이다.

허리진통이 심하게 오면 고양이 자세를 취하고, 남편이 골반 마사지를 해주면 좋다. 또는 임신 시 태교 때처럼 태명을 부르면서 산모는 몸을 이완시킨다. 남편은 산모의 배에 손을 지긋이 얹고, 아기의 태명을 부르면서 부드럽게 배 마사지를 해주면 도움이 된다.

분만 2기는 자궁문이 완전히 열린 무렵이다. 태아도 꽤 산도 아래로 내려온다. 이때부터는 힘이 불가항력적으로 주어진다. 태아를 낳는 시기이다. 자궁문이 완전히 열린 후 아기가 나올 때까지의 시기가 분만 2기다 .

힘을 변 보듯이 길게 잘 주면 빠른 시간 내에 출산할 수 있다. 이 시기는 초산모는 평균 50분, 경산모는 평균 20분 정도 소요된다. 병원출산에서는 자궁문이 완전히 열리고, 아기 머리가 엄마의 외음부에 보이면 분만 대기실에서 분만실로 옮겨지게 된다. 자궁문이 충분히 열리면 양막의 파수가 자연스럽게 일어난다. 만약 자연 파수가 일어나지 않으면 인공적으로 파수시키기도 한다. 이때는 의식하지 않더라도 불가항력적으로 자연스럽게 힘이 주어지기 시작된다.

자궁문이 완전히 벌어지면 진통이 있을 때마다 힘을 준다. 의료진은 길게 변 보듯이 힘을 주라고 말한다. 아래로 힘을 점차 강하게 주면 태아의 머리가 보이기 시작한다. 적당한 시기가 되면 필요에 따라 회음절개 시도도 한다. 변을 보듯이 항문 쪽으로 힘을 길게 주어야 태아도 힘을 내서 쭉 나온다. 의료진이 힘을 빼라고 말하면 온몸에 힘을 빼고 숨을 "하 하 하 하"나 "후 후 후 후" 하면 하면서 내쉰다.

분만 3기의 특징이다. 아기를 낳고 한숨 돌린 자궁은 약 5~10분 후에 다시 후진통이 시작된다. 후진통은 분만 2기의 진통보다 약하다. 의료진의 지시에 따라 가볍게 배에 힘을 주면 자궁에서 떨어진 태반이 나오게 된다. 아기를 낳은 후부터 태반이 나오는 시기가 분만 3기다.

분만 4기의 특징이다. 태반이 나온 후 약 1시간 동안의 시기다. 자궁 수축이 잘 되어서 산모가 회복실에 있다가 병실로 갈 때까지다. 산후 출혈의 90퍼센트 정도가 이 시기에 일어난다. 출혈 외에도 다른 문제가 생길 가능성이 높다. 따라서 분만 4기를 조기 회복기라고도 한다.

출산 전 분만 증후

분만은 자궁의 태아를 비롯하여 태반 등의 부속물이 만출력에 의해 산도를 통과하여 모체 밖으로 나오는 현상이다. 흔히 출산이라고 한다. 출산이 다가오면 신호가 감지된다. 출산 임박 증상을 살펴본다.

● 이슬

임신기간 동안 자궁입구를 막고 있던 점액이 나오는 현상이다. 분만이 가까워지면 혈액이 섞인 끈적거리는 점액성 분비물이 배출된다. 이슬은 소량의 혈액과 섞여 나온다. 콧물에 피가 약간 보이거나 갈색을 띤다. 딸기 젤리처럼 보이기도 한다. 양은 사람마다 차이가 있다. 보통 초산모는 이슬이 비친 후 24~72시간 이내에 진통이 시작된다. 5분 간격으로, 1시간 정도 규칙적으로 진통이 오면 병원에 가는 시기다.

● 진통시작

37주 이상이 되면 태아는 자궁에서의 삶보다는 세상 밖으로 나오기를 희망한다. 엄마의 뇌에 신호를 보낸다. 엄마는 자궁수축으로 새로운 생명을 맞이한다. 산모는 하루에도 몇 번씩 배가 돌처럼 굳는 등의 불규칙한 통증을 느낀다. 이것이 가진통이다. 출산이 가까워지면 가 진통이 아닌 진짜 진통(진진통)이 규칙적으로 온다. 초산모는 5~10분 간격, 경산부는 15~20분 간격으로 진통이 오면 병원에 방문하여야 한다. 진진통은 자궁수축이 규칙적이면서 진통 간격이 점점 짧아지고, 심하다. 휴식을 취해도 진통은 계속되고, 배와 허리가 아프다.

● 양막 파수

양막은 태아를 안전하게 외부의 병균과 충격에서 보호한다. 양막이 찢어져 양수가 흘러나오면 태아의 감염을 막기 위해 48시간 이내에 출산해야 한다. 양막이 파수되고, 48시간이 지나면 태아가 위험할 수 있다. 병원에 즉시 가서 진료를 받아야 한다. 양막 파수가 되면 미지근한 물이 다리 사이로 흐르고, 맑은 물이 쏟아져 나오고, 비린내가 날 수 있다.

● 태아의 위치 변화

임신 후기로 갈수록 자궁이 점점 커져 위와 심장, 폐를 자극한다. 때문에 위가 쓰리고, 가슴이 답답하고, 숨쉬기가 곤란한 경우가 많다. 출산일이 가까워지면 명치끝까지 올라왔던 자궁이 점점 내려간다. 속쓰림은 호전되고, 호흡도 훨씬 편해진다. 또한 방광이 눌려 소변을 자주 보게 되고, 치골 부위의 뻐근함이 느껴지기도 한다.

이러한 증상이 심하면 갑자기 일어서거나 무거운 것을 드는 행동, 계단을 오르내리는 등의 동작은 피하는 것이 좋다.

● 허리통증

임신을 하면 호르몬과 몸의 중심이 변화된다. 임신기간 내내 허리 통증을 느끼게 된다. 임신 호르몬이 골반뼈와 척추를 연결하는 인대를 느슨하게 한다. 걷거나 서 있을때, 몸을 구부릴때 통증을 느끼게 된다. 팽창된 자궁이 복부근육을 약화시키고, 몸의 중심이 앞으로 쏠리면서 등에 부담을 주기도 한다.

임신 후기에는 아기의 머리가 골반뼈를 누르면서 좌골신경을 압박한다. 등과 엉덩이, 다리에 심각한 통증을 느낄 수 있다. 허리통증이 오면 고양이 자세를 취하거나 옆으로 눕는다. 3~4센티미터 높이의 실내화를 집안에서도 신는 것이 좋다.

● 골반 통증

태아가 골반안으로 내려오면서 태아로 인한 압력, 무게 증가 등으로 꼬리뼈에 과한 압력이 가해진다. 저체중으로 엉덩이 살이 없어 꼬리뼈를 충격으로부터 보호하지 못하면 골반 통증이 심할 수 있다. 일상생활 속에서 골반 통증을 줄일 수 있는 방법을 익히면 좋다. 30분 이상 장시간 앉아 있는 자세를 피하고, 상체를 앞으로 기울이게 앉을 때는 골반부터 머리까지 척추를 곧게 세운다. 이 자세가 골반에 가해지는 압력을 줄인다.

엉덩이 부위의 불편감이나 통증을 완화하기 위해 도넛 방석이나 회음부 방석을 이용해도 도움이 된다. 통증 부위에 핫팩이나 아이스팩 사용도 효과적이다.

● 배 뭉침

임신 16주 이후부터 자궁이 점점 커지면서 수축과 이완이 반복적으로 나타난다. 자궁 근육이 원래 모양으로 돌아오려는 회복탄력성으로 인해 당기는 느낌과 배 뭉침 증상이 나타난다. 임신 후기에는 출산이 다가오면서 자궁이 진통에 대비하여 스스로 수축 연습을 한다. 때문에 임산부 배 뭉침 증상이 간헐적이고, 일시적으로 생리통처럼 아팠다가 멈추기도 한다. 배 뭉침 시 심호흡과 몸 이완, 옆으로 눕기, 따뜻한 물이나 차 음용이 도움 된다. 배 뭉침 증상과 함께 태동이 느껴지지 않거나 휴식 이후에도 증상이 심해지면 의사의 진료를 받아야 한다. 내진이나 자궁수축검사를 받는 게 좋다.

● 변비와 치질

임신 호르몬과 커진 자궁이 직장을 압박하여 음식물이 소화관을 통과하는 과정이 늦어져 변비가 생긴다. 때때로 변비는 출혈이나 직장 부근의 정맥이 붓는 현상을 야기한다. 거동이 매우 불편해지고, 심하면 치질로 발전한다. 임신 호르몬과 철분제 섭취 등으로 변비를 일으키는 원인 중 하나다.

임신하면 몸속의 피의 양이 많아져 혈관이 확장된다. 특히 항문 주위 혈관은 커진 자궁의 압박으로 혈액순환에 방해를 받는다. 이로 인해 부풀거나 확장돼 치질이 발생한다. 치질은 항문주변의 정맥류현상으로 야기된다. 항문이 자주 가렵거나 피가 나면 치질을 의심해야 한다.

임신 중 자주 발생하는 변비도 치질을 동반할 수 있다. 원활한 배변을 위해서는 규칙적인 식사, 야채나 해조류 같은 섬유질이 풍부한 음식과 수분의 충분한 섭취, 규칙적인 배변 습관 유지, 적당한 운동을 통한 스트레스 조절 등이 필요하다.

치질이 심하면 미지근한 물에 항문을 담그는 온수 좌욕을 한 번에 3분 정도, 하루 3회 이상한다. 이 방법은 항문 괄약근을 이완시켜 통증을 줄여주고, 혈액순환을 개선해 치질 악화를 막는다.

● 임신성 부종과 정맥류

임신을 하면 손발이 자주 붓는다. 자궁이 커지면서 자궁 밑의 골반혈관과 대정맥에 압력이 가해진 탓이다. 이로 인해 혈액순환이 느려지고 울혈(鬱血)이 발생한다. 혈관의 압력으로 수분이 다리와 발목으로 쏠려 손발이 붓게 된다.

정맥류는 임신기간 중 자궁이 커지면서 대정맥을 압박해 혈액순환을 방해하기 때문에 생기거나 악화된다. 무릎 안쪽과 허벅지 안쪽, 외음부 질벽, 항문(치질) 등에 주로 생긴다.

체질에 따라 다르나 임산부의 절반 정도가 정맥류를 경험한다. 가벼운 경우에는 거의 통증을 느끼지 못한다. 그러나 심하면 응어리가 만져지고 통증을 느끼며, 다리가 무거워져 걷기가 힘들게 된다. 정맥류는 아기를 낳고 나면 대부분 사라진다. 특별한 치료를 요하지는 않지만 더 이상 악화되지 않도록 조심해야 한다. 압박스타킹이 도움이 될 수 있다.

함몰유두와 산전 마사지

보건소 모유수유클리닉의 봄은 노란 개나리와 함께 온다. 사랑스러우면 서도 연약하게, 아슬아슬하게 흔들리는 녀석의 모습은 신생아의 손짓을 연상하게 한다. 개나리의 봄, 작약의 여름, 국화의 가을, 눈꽃의 겨울에 도 산모와 신생아의 일기는 계속된다. 시간과 함께 신생아 수유의 안타 깝고, 보람 넘친 추억이 가슴에 켜켜이 쌓인다. 기억에 남는 임산부가 있 다. 임신 16주가 막 지난 여성이다. 그녀가 조심스럽게 묻는다. "제가 함 몰 유두예요. 아기가 젖을 빨 수 있을까요?"

산모의 얼굴은 가야금의 선율처럼 여렸다. 두상 위의 올려진 가발은 청순한 이미지와는 엇박자였다. 왠지 아픈 마음으로 시선이 그녀의 가발 에 머문다. 처음에는 산모의 눈과 마주하지 못한 채 답했다. "네, 노력하 면 됩니다. 걱정하지 마세요. 걱정할 시간에 모유에 대해 공부를 하면 더 효율적이에요." 산모의 입가에는 안도의 미소가 번진다.

임산부의 유방은 전형적인 함몰유두(유두가 나오지 못하고 유륜안으로 숨 은 상태)였다. 유방관리학 대학 교재에 나오는 사례였다. 그녀에게 책에 소개된 함몰유두 교정편을 보여주며 설명했다. 이 경우는 유방마사지를 통해 충분히 수유가 가능하다. 단 조기 수축이 없고, 고위험 임산부가 아니어야 한다.

그녀는 바이올린을 전공했다. 마음이 안정되면서 종종 다른 산모를 위해 연주를 했다. 시간이 흐르면서 임산부와 강사는 자매와 같은 사이가 되었다. 가발 사연도 자연스럽게 나누었다. 그녀는 뇌종양으로 수술하고, 항암치료를 했다. 주위에서는 아기를 가질 수 없을 것으로 생각했다. 그러나 포기하지 않은 그녀에게 기적이 일어났다. 그녀는 모유수유가 아기에게 엄마가 줄 수 있는 최고의 선물이라 생각했다. 주치의로부터 모유수유 가능 진단을 받았다. 천하를 얻는 기쁨은 잠시였다. 육아정보 책에서 읽은 '함몰유두는 모유수유가 어렵다'는 글에 불안했다. 좌절하지 않는 그녀는 길을 찾기 위해 폭풍검색으로 보건소를 찾은 것이다. 뜻이 있는 곳에 길이 있었다. 인연은 노력으로 열린다.

드디어 38주가 되었다. 그녀는 그사이 유방마사지를 열심히 하였다. 유두는 유륜부 마사지를 하니 놀랍게도 유두가 1.6센티미터로 길어졌다. 출산 후에도 그녀의 노력을 알았는지 아기는 젖을 덥석 덥석 물었다. 마침내 유니세프가 권장하는 24개월까지 완모를 거뜬하게 하였다. 한 여성을, 한 엄마로서 기쁘게 하는 유방 마사지를 안내한다.

★ 유방 마사지방법(SMC: SELF MAMMA-CONTROL), 유방체조 ★

● 시기 : 임신 16주부터 매일 합니다. 수유하기 전의 준비체조입니다. 출산이 끝나고 얼마 되지 않았을 때는 기저부 마사지를 4~5회, 유두.유륜부 마사지(압박만)를 10~15회 정도, 모유가 충분히 나오게 되면 기저부 마사지는 중단하고 유두 · 유륜부 압박만을 실시합니다. 반드시 기저부 마사지를 한 다음에 유두 · 유륜부를 마사지합니다.

● 횟수 : 목욕이나 잠자기 전에 즉, 편안할 때에 기저부 마사지를 1회, 유두.유륜부 마사지를 1~2회 실시합니다.

● 주의 : 임산부중에 유방을 만지면 유산이 될 수도 있다는 말이 있으나, 이 정도의 자극은 걱정하지 않아도 됩니다. 특히 임신중 부부생활을 해도 문제가 없는 부부라면 전혀 걱정할 필요 없습니다. 그러나 유산이나 조산기가 있는 분, 안정을 취해야 하는 분은 하지 않습니다.

한 손으로 유방을 보호하고 다른 한 손으로 마사지를 합니다. 보호하고 있는 손은 어디까지나 보호이므로 그 손으로 유방을 움직여서는 안됩니다. 기저부 마사지는 유방 아래 부분을 움직이게 하는 것으로 유방조직을 비비거나 주물러서는 안됩니다.

| 기저부 마사지 |

① 1조작 : 우선 마사지하는 유방 반대쪽 손을 펴고 손가락 끝을 가볍게 구부려 농구 볼을 쥐듯이 마사지하는 유방주위에 갖다 댑니다. 이어서 마사지하는 쪽의 팔꿈치를 옆으로 내밀고 손목을 젖혀서 손가락끝이 얼굴 쪽을 향하게 돌리고 모지구(母指球)〈엄지손가락과 손바닥이 이어지는 부풀어 있는 부분〉를 보호하고 있는 손가락 바깥쪽에 댑니다. (이 때 보호하고 있는 손가락 위에 올려서는 안됩니다). 그리고 팔꿈치를 상하로 움직입니다. 정확히 어깨로부터의 힘이 지레를 이용했을 때처럼 팔꿈치로 기저부(유방 아래 부분)를 움직이게 하는 것입니다. 이 때 팔꿈치의 움직임은 바로 옆에서 보면 몸과 일치되도록 상하로 일직선으로 움직여야 합니다. 이 조작을 천천히 충분히 힘을 넣어 3회 실시합니다.

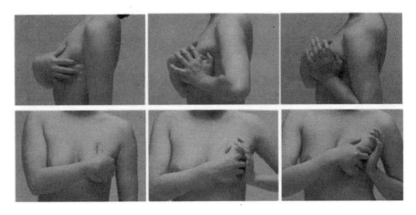

유방이 커서 보호하는 손밖으로 삐져나오는 경우는 다음과 같이 2조작의 요령으로 손가락 끝이 겨드랑이 아래까지 오게 하여 유방을 아래에서 떠 받히듯이 하면서 바깥쪽으로부터 보호합니다.

② 2조작 : 우선 손을 모아 새끼손까락을 유방의 바깥쪽 아래쪽(비스듬하게 아래)부분에 대어 유방을 보호합니다. 이어 1조작과 마찬가지로 팔꿈치를 옆으로 내밀고 손목을 젖히고 엄지손가락 끝이 아래로 향하도록 돌립니다. 그리고 소지구(小指球)(새끼손가락과 손바닥이 이어지는 부풀어 있는 부분)를 보호하고 있는 손의 바깥쪽에 대고 1조작과 마찬가지로 팔꿈치를 상하로 흔듭니다. 이 조작을 천천히 힘을 주어 3회 실시합니다. 이 때 젖혀 있는 손목을 펴서는 안됩니다. 펴게 되면 유방의 아래쪽을 문지르게 되어 기저부를 움직일 수가 없습니다.

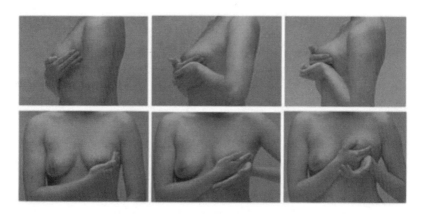

| 아기가 젖 빨기 쉬운 조건 |

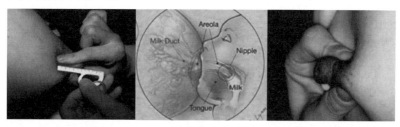

| 함몰유두와 산전 마사지 |

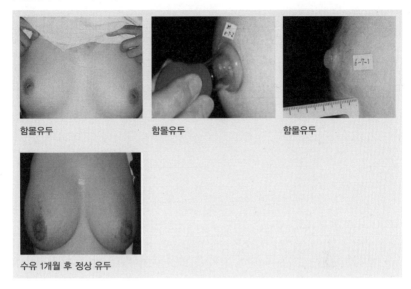

함몰유두

함몰유두

함몰유두

수유 1개월 후 정상 유두

※ 출처 : 사진제공–네치 야히로

모유수유와 젖 빨기 좋은 조건

우리나라는 경제가 성장할수록 모유수유율이 크게 떨어졌다. 통계마다 차이는 있지만 1970년대에는 모유수유율이 90퍼센트를 웃돌았다. 그런데 2018년 유니세프 조사에 의하면 엄마 젖을 먹는 아기가 18.2퍼센트에 불과했다. 세계적으로 모유수유율이 낮아지는 것은 산업혁명과 궤를 같이했다.

1855년 영국의 그림웨이는 분유 대량생산을 시작했다. 농축 우유를 얇게 썰어 말려 분쇄 후 유병식으로 건조하는 방법을 개발한 덕분이다. 산업혁명은 공장의 증설로 이어졌고, 서민 계층의 여성은 근로자로 일하게 되었다. 엄마가 젖을 물리기 어려운 아기들은 자연스럽게 모유가 아닌 분유로 먹게 되었다. 일하는 엄마를 위해 집단으로 아기를 돌보는 체제도 생겼다.

우리나라는 분유를 1965년부터 본격적으로 생산한다. 산업이 발전하면서 수유 문화가 유럽과 비슷한 형태로 변했다. 세계적으로 분유의 수요 증가와 사회 문제를 야기한다는 연구도 시작됐다.

"분유는 적당한 것일 수는 있다. 그러나 최적인 것이 될 수 없다. 사람에게 완벽하게 들어맞도록 개발될 수도 없다. 분유는 소젖에서 단백질,

지방, 탄수화물을 함유하고 있다는 것 외에 모유와 비슷하지도 않다. 분유는 효소, 면역 성분이나 감염에 대항하는 성분이 없다. 분유는 배고픔을 사라지게 하지만 비만의 원인이 된다.(Ruth A . Lawrence, MD, 2006)

모유는 엄마가 먹는 것의 향과 맛을 포함하고 있다. 아기가 자궁에서부터 맛보던 것이다. 아기가 가족의 식사 취향에 맞추어 가족화가 되는 것을 돕는다.(Mizuno& Ueda, 2004)

신생아실에서 근무하는 의료인의 경험담이다. 유난히 주황색 변을 보는 아기가 있다. 그 엄마는 유난히 당근주스를 좋아했다. 하루에 3잔 이상 마셨다. 산모와 아기의 방귀 냄새는 비슷했다. 이처럼 산모가 먹는 음식을 아기가 공유할 수 있다. 임신 시 탯줄로 영양을 주는 것과 같은 이치다. 음식 공유는 아기가 젖을 잘 빨 수 있는 환경일 때 자연스럽다.

엄마의 유방 상태에 따라 젖 물리기의 차이가 보인다. 초보 산모는 아기가 젖을 잘 빨게 하는 환경 조성에 약할 수 있다. 특히 수유의 어려움을 상담하는 엄마는 환경의 중요성을 알지 못하는 경우가 있다. 그저, 아기가 젖을 빠는데 성질이 급하다고 치부한다. 또는 아빠를 닮아서 힘든 것을 피하는 것으로 답답해한다. 문제를 아기에게서 찾으려고 한다.

그런데 상당수는 산모의 유두. 유륜 부위에 문제가 있다. 신정성(유두와 유륜 부위가 부드럽게 늘어나는 정도) 떨어지고, 착유용이도(아기가 젖을 물수 있을 정도의 유두유륜부의 두께)가 좁은 경우다. 유방의 구조와 모유수유에 좋은 조건을 살펴본다.

유방은 실질 조직과 간질 조직으로 나뉜다. 실질 조직은 유관과 유관조직이 있다. 모유의 생산이나 이동과 관련된 유방조직, 모유를 만드는 유선조직이다. 간질 조직은 실질 조직을 제외한 유방의 나머지 부분 지방

및 결합조직, 혈관, 신경, 림프다.

해부학적으로 유방의 해부학적 위치는 늑골의 두 번째에서 여섯 번째 사이에 있다. 그리고 옆으로는 흉골에서 겨드랑이(액와)부위까지다. 스펜스의 꼬리(Tail of Spence)는 액와부로 뻗어 있는 유선조직이다. 유방으로 혈액이 몰려 불편할 정도로 딱딱하게 부어오르는 것을 유방울혈이라 한다. 출산 후 며칠 이내에 유방울혈이 발생할 수 있는데, 이때 겨드랑이(액와)까지 울혈이 보이기도 한다. 모유가 저장되고 유방염을 일으킬 수 있는 잠재적인 위치다. 유방암의 50퍼센트가 스펜스의 꼬리 부분을 포함한 유방의 바깥 위쪽 1/4 부위에서 발생한다.

유방의 크기는 기능적 저장량과 비례하지 않는다. 유두는 4번째 늑간 위(4~18개의 젖 나오는 구멍인 유구가 있다)에 위치한다. 모유의 지속적인 누출을 막아주는 역할을 하는 횡문근 섬유가 존재한다. 유방 속 지방의 양에 따라 유방의 크기가 차이를 보인다. 유륜은 유두를 둘러싸고 있는 어둡게 착색된 원형의 구역이다. 지방 없이 평활근으로 구성돼 있다. 유륜에 분포하는 몇 개의 울퉁하게 올라온 돌기(몽고메리선)에서 분비되는 물질은 윤활작용과 항염, 항균 작용을 한다.

일본에서는 산전 진찰을 받을 때 간호사들이 아기가 젖을 잘 빨 수 있는지 확인한다. 아기가 젖을 빨기 쉬운 조건은 유두와 유륜의 신전성이 2.5~3센티미터다. 유륜부 압박 두께 1.2센티미터다.

양수, 태아의 열 달 생명수

물은 생명이다. 물 덕분에 생명이 탄생할 수 있었다. 물이 용매 작용을 해야 생명이 유지된다. 인체에서 물의 비율은 삶의 과정 마다 다르다. 태아 95퍼센트, 신생아 80퍼센트, 성인 70퍼센트, 노인 60퍼센트를 차지한다. 양수(羊水, amniotic fluid)는 자궁 속 두겹의 양막안에 존재한다. 그러나 단순히 자궁을 채우고 있는 물은 아니다. 태아가 266~280일 동안 자궁에서 안전하게 성장하도록 돕는 생명수다.

생명이 자궁에 자리 잡고 태어날 때까지 물은 중요한 역할을 한다. 배아는 엄마 자궁 착상 과정에서 스스로 자랄 공간을 확보한다. 이 공간에 담겨있는 물이 양수다. 수정란은 2~3밀리미터의 작은 물로 된 집을 만들어 임신 사실을 알린다.

양수 성분은 원시 지구 해수 성분과 비슷하다. 태아의 성장에 필요한 알부민, 레시틴, 빌리루빈이 녹아 있다. 색이나 냄새가 거의 없다. 그런데 후기가 되면 태아의 피부세포나 머리카락 등이 섞여 탁해진다. 임신 초기에는 모체의 혈장 일부가 양수로 만들어진다. 임신 이분기가 되면 다량의 세포 외액이 태아의 피부에서 나와 양수가 된다. 임신 20주 이후에는 태아의 피부가 상피각화 된다. 확산보다는 태아의 소변이 양수를 구성한다.

양수의 양은 개인차나 임신 주수에 따라 차이가 난다. 태아는 양수의 순환에 큰 역할을 한다. 태아는 양수를 먹고, 소변으로 배출한다. 양수는 태반의 막이나 태아의 피부에 흡수됨으로써 적절한 양으로 균형을 이룬다. 양수는 임신 10주엔 10~20밀리미터, 임신 중기에 접어들면 400밀리미터 정도로 증가한다. 임신 36~38주 무렵에는 1000밀리미터에 육박한다. 출산이 다가오면서 점차 감소하는 양수는 임신 말기에는 600~800밀리미터가 평균적이다. 양수는 끊임없이 순환한다. 임산부의 몸으로 다시 흡수되었다가 신선한 양수로 교체된다. 이 과정은 임신이 진행되면서 더욱 가속화된다. 임신 말기에는 3시간마다 생성되고, 출산이 임박하면 1시간마다 생성된다.

양수는 태아의 적절한 발육환경을 만든다. 태아의 건강지표가 되는 양수의 양은 출산 시 태아와 함께 빠져나온다. 양수가 너무 많거나 적으면 모체는 물론 태아에게도 좋지 않다. 초음파검사에서 양수지수가 5센티미터 이하(양수과소)이면 태아의 근육과 뼈가 제대로 자라지 못해 성장 속도가 느려질 수 있다. 또 임신 후기에 양수가 적으면 출산 시 자궁문을 여는 압력으로 작용을 못해 출산에 어려움을 느끼게 된다. 만약 양수의 양이 2000밀리미터 이상(양수과다)이면 조산 위험이 있다.

양수의 역할

양수는 태아 보호, 항균작용, 체온 유지, 모체 휴식 등의 다양한 역할을 한다. 양수의 기능을 크게 아홉가지로 설명할 수 있다.

첫째, 태아 보호다.

양수가 외부 충격을 흡수해 태아를 안전하게 보호한다. 임산부가 배에 충격을 받아도 중간에서 양수가 완충 작용을 한다. 태아는 직접적인 영향을 받지 않는다.

둘째, 탯줄이 감기는 걸 막는다.

태아가 움직일 때 탯줄이 몸에 감기지 않도록 탯줄을 떼어놓는다. 탯줄이 태아의 몸을 감아 조이면 신체 발달이 어렵게 된다. 또 혈행을 방해해 태아가 저산소증에 걸릴 수도 있다.

셋째, 항균작용 및 체온 유지를 한다.

양수는 세균 증식을 억제하는 항균작용을 한다. 박테리아가 살 수 없는 환경이기에 태아는 질병 감염으로부터 안전하다. 양수는 엄마의 체온으로 일정하게 유지된다. 따라서 태아의 체온을 일정하게 유지하도록 해준다.

넷째, 태아의 성장을 돕는다.

태아는 6개월 넘어가면 생명체로서의 모든 기능이 갖춰진다. 이 기능들이 아기가 태어나 잘 적응할 수 있도록 양수가 연습을 시킨다.

다섯째, 근육과 골격 발달을 돕는다.

태아는 엄마 뱃속에서 편안할 정도의 부력을 느끼면 팔다리를 움직이고, 몸의 방향을 트는 등의 동작을 반복한다. 이는 양수 속에 떠 있기에 가능하다. 이를 통해 태아의 근육과 골격이 발달한다.

여섯째, 폐를 성숙시킨다.

태아는 12주 정도면 양수를 삼키기 시작한다. 자궁에서 공기 대신 양수로 호흡운동을 한다. 양수서 벗어나 태어났을 때 스스로 호흡할 수 있다. 양수에는 태아의 폐에 있는 계면활성제성분도 발견된다. 이 물질을 검사하면 태아의 폐 성숙 정도를 알 수 있다. 폐 속의 양수는 분만 과정에서 산도에 폐가 눌리면서 대부분 배출된다. 나머지는 출산 후 첫 울음을 통해 밖으로 모두 배출된다.

일곱째, 소화기 성장을 돕는다.

영양분과 산소는 탯줄로 주로 공급된다. 양수에서도 적은 양이지만 영양성분을 공급 받는다. 그런데 가장 중요한 태아가 양수를 먹고 배출하는 과정에서 아직 미숙한 위, 소장, 대장 등이 기본적인 소화 기능을 익히는 것이다. 또 태아의 배설물은 양수 속을 떠다닌다. 태아가 다시 먹는다. 태변은 출생 후 처음으로 보는 변이다. 뱃속에서 양수를 먹고 아직 안 싼 것들이다. 양수에는 성장호르몬인 EGF(Epidermal growth factor)와 TGF(Transforming growth factor-β)도 포함되어 있다. 위장관과 폐에 노출된 양수는 세포의 분화와 성장을 촉진시켜 소화기와 호흡기의 발달을 돕는다.

여덟째, 태아의 건강 정보를 알려준다.

양수에는 태아의 세포 중 일부가 떨어져 나와 섞여 있다. 양수를 검사하면 태아의 발육 정도와 건강 상태를 알 수 있다. 염색체를 검사하거나 선천성 이상, 기형 여부, 염색체 이상 등도 알 수 있다.

아홉째, 출산을 도와준다.

양수는 분만을 할 때에도 큰 역할을 한다. 분만 때는 양수가 먼저 터져서 자궁 입구를 열어준다. 태아가 산도로 잘 진입하여 나올 수 있도록 윤활제 역할을 한다. 또 태아가 분만 중 스트레스로 태변을 보면 양수색이 변한다. 태아의 상태를 짐작하게 할 수 있다.

양수를 건강하게 하는 법

건강한 아기를 원하면 자궁을 건강한 양수로 채우면 된다. 태아가 건강한 생명수를 마시게 되기 때문이다. 이를 위한 방법으로 몇 가지를 생각할 수 있다.

첫째, 양수(良水, good water)로 양막을 채워 양수(amnioitic fluid)를 만든다. 이를 위해 정수물보다는 끓여서 식힌 물, 미지근한 물을 많이 마신다. 임신 전보다 하루 2~3리터 정도 물을 마시는 것이 좋다. 식사 전이나 도중에 물을 마시면 위의 소화효소나 위산이 희석되어 소화가 잘 되지 않는다. 공복일 때나 식사하기 30분 전에 물을 마신다. 찬물보다는 살짝 데워 체온과 비슷한 미지근한 물이 좋다. 차가운 물은 혈관을 수축시킨다.

또 탄산음료는 가급적 피한다. 탄산음료에는 색소와 카페인, 설탕 등이 포함돼 있다. 엄마가 탄산음료를 마시면 양수와 태아의 몸에 탄산 성분이 흡수돼 아토피와 면역력 결핍을 일으킬 우려가 있다.

둘째, 건강한 생활 습관과 식습관으로 건강한 양수(amnioitic fluid)를 만든다. 엄마가 먹는 음식 성분이 탯줄을 통해 태아에게 전해진다. 이 성분은 태아의 장기를 통해 흡수되어 양수로 나온다. 양수를 다시 태아가 마신다. 임신부가 먹는 음식이 태아에게 직접적인 영향을 미친다는 것을 의미한다. 건강한 양수를 만들어 태아에게 주고 싶다면 건강한 음식을 섭취해야 한다.

셋째, 스트레스를 관리한다. 양수 환경에 많은 영향을 미치는 게 엄마의 스트레스다. 양수 과다증, 양수 과소증의 주된 원인은 불안이다. 엄마가 스트레스에 노출되면 태아는 불안해지고 양수를 마시게 된다. 양수량이 줄면 태아의 발육에 지장이 있다. 운동과 다양한 관심, 긍정 사고로 스트레스를 줄이는 게 좋다.

출산과
수유 감동의 스토리

소중한 나의 아기 출산기

이은영(아이통곡상담실 파주점)

생명 탄생은 경이로움이고, 신비로움이다. 새 생명을 맞는 순간은 축복이고, 희열이다. 그 아름다움을 맞기 위해 엄마는 산고를 마다하지 않는다. 그런데 출산의 기적은 거저 오지 않는다. 임산부는 행복한 태교, 건강한 육아를 위해 배워야 한다. 또 그 앎을 실천해야 한다. 앎과 실천만이 건강한 태아, 행복한 육아를 가능하게 한다.

나는 태교 강사이며, 간호사다. 태교 모유 육아전문가다. 하지만 남몰래 눈물 흘린다. 아픈 가슴을 부여안고 훌쩍인다. "그때 조금만 주의했다면", "그때 신경을 썼다면" 등의 회한에 젖는다. 나의 사슴 닮은 눈망울은 언제나 아들 곁에서 맴돈다.

소중한 아들 재혁이는 선천성 발달장애아다. 1997년 3월 12일, 햇살은 눈이 부셨다. 향긋한 봄내음 쑥국은 입맛을 다시게 했다. 눈이 부시게 싱그러운 날, 뱃속의 생명을 보러 병원에 갔다. 발길질하는 녀석을 생각만 해도 입가에 미소가 배시시 번졌다.

그런데 봄날의 행복은 불안으로 변했다. 진료를 한 의사로부터 "양수가 조금씩 새고 있어요. 간호사가 그것도 몰랐나요"라는 핀잔을 들었다. 가슴이 쿵쾅쿵쾅 요동쳤다. 절친인 분만실 간호사가 손을 꼭 쥐며 "괜찮

아. 이런 경우 가끔 있어"라며 위로했다. 그러나 불안한 가슴은 진정되지 않았다. 괜스레 화풀이를 의사에게 했다. "평상시 몸의 이상을 느끼지 못했냐"는 의사의 말에 "제가 애를 낳아 봤습니까"라며 신경질을 부렸다.

생각해 보니, 며칠 전부터 팬티가 조금씩 젖어 있었다. 분비물인지, 소변인지, 양수인지 크게 의식하지 않았다. 뒤에 생각해 보아도 출산신호는 양수가 약간 비치는 것 외에는 아무 것도 없었다. 그것이 실수였다. 태아를 가진 임산부는 몸의 미세한 변화에도 신경 써야 한다. 그때 나는 아기에게 아픔이 있을 줄은 생각지 못했다. 닥쳐올 새로운 삶에 대하여 알지 못했다. 단지 출산의 두려움과 공포에 떨었다.

산부인과 과장은 내일 아침 유도분만을 이야기 했다. 인위적 진통은 엄마와 아이의 삶의 질을 떨어뜨리는 요인이 되었다. 간호사가 아닌 환자로 누운 병실 침대는 불편하기만 했다. 긴장은 시시각각 근육을 옥조였다. 산모가 아닌 환자가 되어 멍한 상태로 TV만 쳐다보았다. 아기와 나를 위해 무엇을 해야 하는지 생각하지 못하였다.

분만실에서 근무하는 간호사 친구가 문병을 왔다. 친구는 "유도분만 때 간호사가 시키는 대로 힘만 잘 주면 된다"고 했다. "많이 아프냐"는 나의 물음에 친구는 "하늘이 노랗게 보이면 아기가 나온다"고 답하였다. 하늘이 노래진다는 의미는 무엇일까. 친구의 음성은 숨통을 죄듯이 심장을 짓눌러왔다.

새벽 6시에 분만실로 내려갔다. 태동검사를 했다. 여성으로 피하고 싶은 3대 굴욕인 내진, 관장, 제모를 하였다. 분만 유도 촉진제를 맞았다. 신랑이 아프냐고 물었다. 가볍게 '그냥, 조금'이라며 엷은 미소를 지었다. 한 시간 정도 지났다. 진통 강도가 세지고, 주기가 짧아졌다. 침대에 같은 자세로 오래 누워 있으니 사지가 뒤틀렸다. 허리도 아팠다. 일어서고, 걷고 싶었다. 하지만 간호사는 "양수가 새면 안 됩니다. 움직이지 마세요"라고 한다.

미칠 노릇이다. 배는 터질 듯하다. 허리가 아프고, 다리도 저리다. 산통 강도는 시시각각 심해진다. 신랑이 골반과 허리를 마사지한다. 이때 간호사가 내진 시간임을 알린다. 신랑이 나가자 내진이 시작됐다. 허리 통증과 굴욕감에 오로지 빨리 끝나기만 바랐다. 갑자기 아랫배가 자지러지게 아프다. 고통과 서러움에 눈물이 흐른다.

옆 침대 경산부의 고통스러운 고음은 나를 더 긴장시켰다. 경산부의 비명과 신음소리가 귓가에 계속 맴돌았다. 진통은 더해지고, 움직이지는 못하고, 배고프고, 목은 말랐다.

병원 직원인 나도 이런 환경이 낯설었다. 자꾸 춥게만 느껴져서 몸을 움츠렸다. 갈증으로 입술이 사막처럼 되었다. 간호사에게 물을 요청했다. 그녀는 진통 중에는 물 마시면 안된다고 했다. 마침 같이 있던 분만실 친구가 물 묻은 거즈로 입술을 적셔주었다. 고통 속에서 위안 줄 사람이 필요했다. 그러나 휴대폰이 없던 시절이라 남편을 부를 수도 없었다.

친구가 가고 난 뒤 분만실에는 나만 홀로 남겨졌다. 3월의 차가운 날씨와 을씨년스런 병실 기운으로 몸은 춥고 떨렸다. 하늘이 노랗게 변해야 출산한다고 했다. 그런데 아직 노란 하늘은 보이지 않는데 배가 터질 것처럼 아팠다. 치골이 내려앉는 듯한 뻐근함이 더해갔다. 대체 언제쯤 하늘이 노래지는지, 진통은 언제쯤 사라지는지 서럽고 짜증이 났다.

숨이 차고, 신경질이 머리끝에서 폭발할 즈음이다. 내진을 한 의사가 "아기가 뱃속에서 변을 보고 양수도 거의 없다. 응급수술을 해야 한다"고

하였다. 아기가 왜 변을 보았을까. 무려 8시간 동안 의사의 말대로 침대에서 움직이지도 않았다. 그런데 왜 아기가 힘들어했을까. 이해가 되지 않았다.

나는 그동안의 자연분만하려고 한 노력이 억울했다. 의사에게 조금 더 자연분만을 시도해보는 것이 어떻겠냐며 애원했다. 돌아온 대답은 "급하다. 당장 수술해야 한다"였다. 난 아기가 중력에 의해서 내려온다는 이치를 몰랐다. 다만 이런 상황이 짜증스럽고 억울하기만 하였다.

수술실로 옮겨지는 공포와 두려움은 진통과는 차원이 달랐다. 수술대에 누운 나는 공포에 질린 여자였다. 마취에서 못 깨어나서 죽으면, 아이 낳다가 죽으면 등의 오만가지 생각이 뇌를 혹사시켰다. 그 많은 생각 중에 아기에 대한 걱정은 없었다.

수술실의 한기가 나를 더욱 긴장하게 만들었다. 의사는 웃으면서 말했다. "한숨 자고 나면 아기를 만날 거예요." 잠시 후 의사의 말이 점점 희미하게 들렸다. 얼마가 지났을까. 신랑의 목소리가 꿈처럼 들렸다. 나는 회복실에 있었다. 의식이 돌아온 후에 아기에 대해 물었다. 신랑은 아기의 호흡이 불안정하여 집중치료실에 있다 하였다. 후회가 밀물처럼 몰려왔다. 대체 내가 무엇을 잘못한 것일까.

간호사인 내가 양수와 분비물, 소변을 구분도 못한단 말인가. 출산에 대하여 왜 이리 무지 한 것일까. 아기를 잘 나오게 하는 방법을 왜 궁금해 하지 않았을까. 공포와 두려움에 떨던 분만실에서 문밖에 대기 중인 신랑에게 도움을 요청하지 않았을까. 두렵고, 알지도 못하면서 분만실 친구에게 조차 도움을 청하지 않았을까. 왜 혼자 잘난 척 했을까.

아기는 일주일 동안 엄마인 내 품에 안기지 못했다. 집중치료실에서 호흡상태를 체크받고 황달치료를 받아야 했기 때문이다. 아기를 신생아실 창문 너머로 볼 수밖에 없었다. 20여 년 전의 병원에서는 젖 물리기가 허락되지 않았다. 의료진은 황달이 있는 신생아에게 분유를 권유했다. 젖을 물리고 싶었지만 한 방울의 모유도 아기에게 주지 못했다. 그렇게 아기는 젖과 인연을 맺지 못했다.

당시 느끼지 못했던 죄책감과 미안함은 지금도 더욱 크게 가슴을 후벼 판다. 그 아픔이 지금의 삶을 지탱하게도 한다. 소중한 아들을 엄마가 보살펴야 하기 때문이다.

많은 사람은 출산과 육아가 물 흐르듯이 다 잘 될 것으로 믿는다. 그러나 이는 편협한 생각이다. 근거 없는 확신의 임산부를 보면 20여 년 전의 내 모습이 생각난다. 그래서 더 가슴이 아프다.

세상의 모든 이가 지혜로운 엄마가 되길 바란다. 그 마음으로 가슴 아픈 출산기를 고백한다. 엄마가 되려면 배우고, 그 앎을 실천해야 한다. 그것이 건강한 아이를 낳고, 행복한 자녀를 키우는 첫 걸음이다.

사랑 엄마의 자연분만

2008년 8월 2일, 사랑이가 자연분만으로 태어났다. 경기도 안산의 조산원에서 태어난 사랑이는 건강한 2.9킬로그램의 여아다. 사랑이의 태어남은 하나하나 TV카메라에 담겼다. 자연분만과 엄마 그리고 새 생명의 환희를 송출했다. 나는 방송국의 출산 촬영 요청을 받고, 출연자로 사랑이 부모를 섭외했었다.

사랑이 부모와의 인연은 그해 여름, 경기도 시흥시 정왕동 보건소의 부부특강 때였다. 1주는 태교와 라마즈 호흡법, 2주는 호흡법과 감통 마사지, 3주는 모유수유, 4주는 신생아관리에 대하여 이렇게 총 4주 과정으로 특강이 이루어졌다.

사랑이 부모는 자연출산을 희망했다. 조산원에서 출산하기를 원했다. 태아에 대한 애착이 유난히 강했다. 소중한 아이를 소중하게 맞으려는 경건함이 느껴졌다.

이 무렵에 안산시 선부동에 있는 이명화 조산원의 이명화 원장을 알게 됐다. 만남의 순간, 그녀에게는 거부할 수 없는 카리스마가 느껴졌다. 이명화 원장은 "대부분 산모는 자연출산을 할 수 있고, 출산은 병이 아닌 생리적 현상이고, 산모는 환자가 아닌 엄마"라고 단호하게 말하였다.

조산원은 집처럼 아늑하고 포근했다. 황토 바닥, 천장에서 내려오는 광목천, 변기처럼 만들어진 출산의자, 말의 형상을 하고 있는 의자, 은은한 불빛, 촛대, 아로마향 등이 있었다. 화장실의 큰 욕조, 맘껏 걷기 편한 복도, 굴러다니는 짐볼, 마사지 도구들이 눈길을 붙잡았다. 병원에서는 볼 수 없는 도구들이다. 병원에서 사용하는 분만대는 보이지 않았다.

궁금해 하는 나에게 이명화 원장은 "분만대는 산모를 위한 게 아닌 의료인을 위한 도구"라고 하였다. 산모가 자세를 취하면 의료진이 잘 보이기 때문이라고 한다. 2년 전에 자연주의 출산병원을 운영하는 의사의 강의를 들은 적이 있다. 그때 분만대의 숨은 이야기를 알 게 되었다.

산업혁명은 질병과 산업재해를 불렀다. 유럽과 미주의 각국은 이에 대한 대책으로 병원을 개설했다. 출산을 위한 시설도 생겼다. 시설 이용자 대부분은 미혼모나 극빈층 산모였다. 의사는 갑이고 산모는 을의 구도였다. 의료인은 아기를 받는데 편안한 위치를 찾았다. 신분 낮은 산모의 아기를 꿇어앉아서 받기를 원하지 않았다. 그래서 만들어진 게 분만대다. 당시 귀족이나 중산층 산모는 의사보다 갑의 위치에 있었다. 귀족 여성이 원하는 자세에서 아이를 받아야 했다. 그래서 의사는 꿇어앉은 상태에서 귀족 아기를 받는 경우가 많았다.

이명화 조산원에서는 산모 위주의 출산을 위해 분만대를 없앤 것이다. 2008년 8월 1일 오후 5시경에 수화기 저편에서 사랑이 엄마의 다급한 목소리가 들린다. "선생님, 저 진통이 와요." 조산원으로 출발한다는 신호였다.

이명화 원장에게 전화를 하였다. 잠시 후 나도 조산원에 도착했다. 조산원의 선생님들과 사랑이 부모, 또 강의를 들었던 임산부들이 다정하게 웃으면서 이야기를 하고 있었다. 사랑이 엄마의 얼굴에서는 여느 산모와 같은 두려움과 공포가 보이지 않았다.

과일을 먹고 있는 그녀는 출산을 앞둔 산모의 모습은 아니었다. 병원에서 진통하는 산모는 경직돼 있다. 어깨가 목에 붙어 있다. 얼굴에는 공포, 눈에는 두려움이 짙게 배여 있다. 마치 호랑이 앞의 토끼 모습을 연상하게 한다. 그런데 사랑이 부모에게는 평온함만 느껴졌다.

사랑이 엄마는 복도를 가볍게 걸었다. 짐볼에 앉고, 말을 타고, 정원으로 산책도 다녔다. 힘들면 옆으로 누워 주위사람과 다 같이 TV도 시청했다. 새벽 1시쯤 사랑이 엄마가 잠을 잤다. 나도 옆에 누워 잠을 청했다.

사랑이 엄마에게 진통이 밀려왔다. 나를 포함한 여러 사람이 다 눈을 떴다. 다 함께 호흡을 같이 했다. 그녀의 진통이 잦아지면 모두 안도의 한숨을 쉬었다.

새벽 무렵 방송국 촬영팀이 도착했다. 촬영하는 카메라맨은 오늘이 어머니의 칠순이라고 했다. 아이가 빨리 순산하기를 간절히 바라는 눈치였다. 순산을 원하는 목적은 다르지만 목표는 같았다.

새벽 6시, 사랑이 엄마는 밖에 나가고 싶어했다. 우리는 모두 공원으로 발길을 옮겼다. 한참을 걸은 사랑이 엄마는 허리와 다리의 피로를 호소했다. 이명화 원장이 맛있는 된장찌개를 준비했다. 그러나 음식을 가리지 않던 사랑이 엄마는 진통으로 인해 식사를 제대로 하지 못했다. 사랑이 엄마는 기저귀 색깔이 변한다며 다급하게 말한다.

이명화 원장은 태아가 변을 봤다고 했다. 휴대용 태동검사기로 심박동 수를 확인하고 촉진으로 아기의 위치를 파악했다. 뱃속의 아기는 잘 놀고 있었다.

나는 불안했다. 사랑이 엄마에게 들리지 않도록 이명화 원장에게 거듭 물었다.

"괜찮다고요. 태변을 봤는데요. 응급수술을 해야 하지 않나요. 정말 괜찮은 것 맞아요. 색깔이 좋지 않아요." 이명화 원장은 단호하게 말했다. "임산부는 아이를 충분히 잘 낳을 수 있어요." 나는 태아가 힘들지 않게 골반 마사지를 했다.

진통은 파도처럼 넘실댔다. 큰 파고로 오다가 갑자기 잔잔히 소멸되기를 반복했다. 그 리듬은 나에게도 찾아왔다. 사랑이 엄마에게서 흘러나오는 신음소리는 나의 가슴 깊은 곳까지 파고들었다. 사랑이가 엄마보다 이 순간 10배나 더 힘들다는 것 기억하라고 했다. 나와 출산 도움을 주는 사람들은 다시 한 번 파이팅을 하였다. 사랑이 엄마는 배우고 익힌 호흡법을 제대로 하고 있었다.

위대했다. 사랑이 엄마는 버거움에 방바닥을 두 팔과 다리로 기어 다녔다. 그러면서도 그 누구도 가르쳐 주지 않은 자세와 호흡을 하고 있었다. 사랑이 엄마가 기어 다닐 때 사랑이 아빠와 나도 같이 기었다. 엉덩이를 들고 머리를 바닥에 박는 모습을 할 때는 나 또한 그 포즈를 취했다. 한 몸이 되고, 하나로 호흡을 하였다. 이명화 원장은 간간히 태아의 심박동 수를 확인했다. 잘 지내고 있는 태아에 대해 폭풍칭찬을 하였다.

사랑이 엄마가 치골 통증을 호소했다. 나는 사랑이 엄마의 다리를 들어 올리고, 엉덩이와 등을 마사지했다. 사랑이 엄마와 나의 일행은 호흡과 몸의 이완에 집중을 하였다. 태아가 많이 내려왔는지 화장실 가고 싶다 했다. 사랑이 엄마의 양다리 사이로 태아가 보이기 시작했다. 불가항력적인 복압에 사랑이 엄마는 본능적으로 힘을 주곤 하였다.

출산 때는 힘이 들어가면 힘이 들어가는 대로 주면 된다. 이왕이면 길게 쭉 주면 아기가 밀고 나오기가 쉽다. 이를 사랑이 엄마에게 설명하였다. 산모에게 막 나오는 아기의 머리를 만져보게 했다. 그 순간, 분명 아기는 말하고 있었다. "엄마, 저 잘하고 있어요. 이제 곧 나가요. 엄마 힘 내세요."

산모는 천장에서 내려오는 광목천을 잡고 싶어 했다. 조금 후에는 남편이 뒤에서 받쳐주기를 희망했다. 남편의 목을 잡고 아기를 낳기를 원했다. 우리는 산모가 원하는 대로 움직였다. 최대한 산모의 기분과 요구에 귀를 기울였다. 이명화 원장은 태아가 나올 때가 되자 방의 조명을 조절하였다.

산모는 회음부 절개 없이 스스로 힘주기와 힘 빼기를 조절했다. 조금씩 힘겹게 내려오는 아기를 맞이할 준비를 하였다. 아기는 태변을 잔뜩 뒤집어썼다. 울음소리는 세상이 떠내려가도록 우렁찼다.

엄마는 아기를 가슴에 안았다. 엄마와 아기의 첫 대화는 사랑해가 아닌 미안해였다. 나의 가슴에 불덩어리가 일었다. 어느새 눈가가 촉촉해졌다. 감격적인 사랑이의 탄생이다. 그 희열의 끝자락에서 나는 먼 산을 바라보았다.

다시 한 번 아들에게 미안함이 커졌다. 나의 무지함이 사랑이 엄마의 앎과 사랑에 비교됐다. 20여 년 전으로 돌아갈 수 있다면!

나의 사랑하는 아들 재혁아, 미안하다. 엄마가 너를 위해 최선을 다하지 못해서 미안하다. 그리고 사랑한다. 재혁아!

어떤 인연

어떠한 운명이 오든지

내 가장 슬플 때 나는 느끼나니

사랑을 하고 사랑을 잃은 것은

사랑을 아니 한 것보다는 낫습니다.

수필가 피천득의 수필 인연의 한 구절이다. 인연(因緣)은 사람 사이의 맺음이다. 인연은 관계이고, 행동이다. 좋은 인연도 모르고, 모른 체 하고, 스쳐 가면 끝이다. 소중히 여기고 살려내면 아름다운 사연이 된다. 그렇기에 인연은 사랑이다.

피천득은 인연을 당송 8대가 중 한 명인 송나라 구양순의 시로 표현했다. 득료애정통고 실료애정통고(得了愛情痛苦, 失了愛情痛苦)! '얻었노라 사랑의 고통을, 버렸노라 사랑의 고통을' 이라는 뜻이다. 사랑해도, 실연해도 아프다는 의미다. 사랑이나 인연이나 아픔의 꽃인 듯하다. 그런데 사랑하고 인연에 연연하는 것은 바로 아픔을 꽃으로 승화시키는 위대함에 있지 않을까.

2001년 12월 25일, 크리스마스날. 아들이 주님의 탄신을 축하해 준다고 한다. 아들은 발달장애가 있다. 아들을 위해 교회 선생님들이 봉사를 한다. 나는 교회를 다니지 않는다. 하지만 초대를 거절할 수 없었다. 교회의 찬송가 중에 '나' 라는 송명희의 노래가 있다.

그 노래를 듣는데 눈물을 그칠 수 없었다. 신랑도 울먹이며 내 손을 꼭 잡았다. 흔들리는 목소리로 "우리 감사하자, 우리아이가 강함에---." "우리 건강하자, 이 아이보다 하루만, 딱 하루만 더 살자."

나는 송명희를 검색했다. 하늘의 시인 송명희, 그녀는 뇌성마비 장애인 이었다.

오전의 감동이 그칠 줄 모르는데, 오후에는 더 세찬 인연이 몰려왔다. 전화벨이 울렸다. "안녕하세요, 원장님. 저는 삼송에 사는데요, 형편이 안 좋아요. 한 번 상담을 받고 싶어요." 많이 고민한 목소리가 역력했다. 무엇이 엄마를 힘들게 했을까. 종일 나의 뇌는 무거웠다. 그녀와의 상담은 이틀 뒤로 약속했다.

희움이는 12월 15일에 태어난 여아다. 출생 시 몸무게는 3.5킬로그램 이었다. 희움이 엄마는 젖양이 많아 사출이 심하다고 했다. 아기는 6시간 정도 푹 잤다. 소변기저귀는 하루에 2개를 쓰고, 대변은 3일 동안 보지 않았다.

신생아가 6시간 자는 경우는 두 가지를 생각할 수 있다. 에너지를 쓰지 않으려는 경우와 탈수로 처진 경우다.

먼저, 아기의 상태를 살펴보았다. 피부탄력은 떨어졌지만 탈수는 진행되지 않았다. 몸무게는 3.6킬로그램이다. 옷의 무게를 빼고 나면 실제 몸무게는 출생 시 보다 적었다. 아기는 출생 시 몸무게를 적어도 일주일이면 회복하고, 서서히 체중이 늘어나야 한다.

엄마의 유방을 마사지하면서 보니 말과 달리 젖양이 부족했다. 아기가 엄마젖을 먹기 전후의 몸무게를 쟀다. 체중 변화는 고작 10밀리리터 정도 먹은 것에 불과하였다.

엄마의 현 상태, 젖양 늘리는 방법, 신생아 정보를 제공하였다. 다음 상담약속을 잡고 싶었다. 하지만 그녀는 감사 인사만 하고 사무실을 나간다. 1시간이 지났을까. 핸드폰에 장문의 문자가 뜬다.

"원장님이 오해하실 것 같아 문자 드려요. 원장님 정말 감사해요. 제가 형편이 너무 어려워 다음 상담 스케줄을 잡지 못했어요. 제가 사실 기초수급 대상자예요."

고민한 흔적이 역력하다. 그 자리에서 말로 하기 어려웠던 것이다. 그렇다. 부부의 옷차림과 아기 용품들이 다른 집과는 사뭇 달랐다.

적십자사와 분유회사에 도움을 요청하였다. 젖양이 부족하여 아기에게는 분유보충이 필요하기 때문이다. 젖양이 늘 때까지만 보충을 하자고 하였다. 며칠 뒤 희움이 엄마에게서 전화가 왔다. "젖양이 늘다가 갑자기 젖이 안 나오고 아픕니다. 인터넷을 찾아보니 막힌 것 같다고 합니다."

요즘 엄마들은 인터넷으로 스스로 진단도 많이 한다. 진단과 방법을 같이 고민하고 싶었다. 희움이 엄마가 통화 후 한걸음에 달려왔다. 젖이 나오는 배유구가 막히고, 멍울이 군데군데 잡혀 있었다. 최근 기름진 음식을 많이 먹었냐고 물었더니 "대패삼겹살을 먹었습니다. 야채보다 싼데다 독일산은 엄청 많이 줍니다." 가슴이 찢어지도록 아팠다.

희움이 부모 철학과 가치관이 민들레 씨앗처럼 전국 곳곳에 퍼지길 두 손 모아 기원한다. 희움이 엄마를 통해 강사인 나는 오늘도 조금씩 성장한다. 소중한 인연이 고맙다. 그녀로부터 많은 것을 얻었다. 진심으로 희움이 엄마 아빠께 감사드린다. 희움이 부모의 가치관을 알 수 있는 산모의 편지를 소개한다.

남편과 저는 친구에서 연인으로, 연인에서 부부로, 부부에서 부모가 되었습니다. 돌이켜 보니 10년이 넘는 시간을 함께하며 사람이 가질 수 있는 모든 감정을 느꼈습니다. 친구일 땐 격 없이 장난치는 편안한 사람이었고, 연인일 땐 손만 잡아도 설레는 사람이었고, 부부일 땐 의지하고 걸어갈 수 있는 기둥 같은 사람이었고, 부모일 땐 정원을 지키는 울타리 같은 사람이었습니다.

28살 봄, 제 앞에는 두 가지 선택의 길이 있었습니다. 한국 초등학교에서 미술치료사로 계속 일하며 돈을 벌고 경력을 쌓을 것이냐, 남자친구와 결혼 하고 중국 유학을 갈 것이냐. 결국 저는 남편의 설득에 넘어가 2개월 만에 결혼하고, 다시 두 달 뒤 중국으로 떠났습니다. 남편의 설득은 이러했습니다. 커피숍에 앉아 저에게 대뜸 묻더군요. 너의 꿈이 무엇이냐고. 저는 대답했습니다. 상처받은 사람들의 마음을 치유해주는 치료사가 되는 것이라고. 남편이 그러더군요. 사람들의 마음을 치유하기 위해선 사람에 대해 잘 알아야 하고, 사람의 마음을 잘 읽어야 한다. 그런데 지금 너는 한국에서 제한된 사람들만 만나고 비슷한 부류의 사람들만 만나면서 어떻게 사람에 대해 깊이 이해할 수 있느냐. 우리가 겪어보지 못한 다양한 사람들, 다른 환경을 겪어봐야 하지 않겠느냐. 커피숍에 들어간 지 2시간이 채 되지 않아 저는 결혼과 유학을 결정했습니다.

결혼은 하고 싶다고 되는 게 아니었습니다. 당장 두 달 뒤 예약 가능한 예식장이 없어서 교회를 알아보았고, 딱 한 곳을 찾아내었습니다. 예물

예단은 모두 생략했고, 신혼집은 저의 7평 자취방이었습니다. 남편은 옷가지와 칫솔 하나만 들고 들어왔죠. 신혼여행은 강원도에 있는 침묵 기도원에 일주일을 다녀왔습니다. 급하게 준비했지만 정말 많은 친구들이 축하해주었습니다. 친구들이 그러더군요. 너처럼 결혼하는 사람 처음 봤다고. 다 갖추고 결혼하려는 요즘 청년들에게 이렇게도 할 수 있구나 하는 위로가 된다고. 한국에서 신혼 생활을 2개월 동안 하고 이민가방 2개에 짐을 싣고 중국으로 떠났습니다.

중국에서 대학원 1학년 학생으로 캠퍼스 생활을 시작했습니다. 제가 속한 곳은 남경대학교 국제교육원이었는데 중국 학생들 뿐 아니라 다양한 외국 학생들이 있었습니다. 미국, 영국, 프랑스, 이탈리아, 일본, 인도, 네팔, 몽고, 러시아, 파키스탄, 시리아, 가나, 콩고, 말레이시아, 태국 등 다양한 국적을 가진 학생들과 체육대회, 연말 행사, 외국인 모임, 예술제 등등을 하며 매일 매일 바쁘게 보냈습니다. 중국어, 영어를 섞어가며 사람들과 대화하며 각 나라에 가지고 있었던 선입견이 사라졌습니다.

대학교에서 '이상'을 주제로 글짓기 대회가 열렸습니다. 중국 학생, 외국 학생이 같이 참여하는 중국어 글짓기 대회였는데 3등을 했습니다. 제 글을 보았던 중국어 선생님이 이런 말을 했습니다. "너의 글은 단어와 문법이 100퍼센트 맞지는 않지만 따뜻하다. 중국인인 나도 이렇게 잘 쓰지는 못할 것이다." 맞지는 않지만 따뜻하다고. 중국어를 배우러 떠났던 유학길에서 오히려 제가 배운 것은 언어보다 중요한 것은 진심이며 진심이 통하면 다 통한다는 것이었습니다. 단어 하나 문법 몇 개 완벽히 외우는 것보다 나만의 독특한 생각과 사고방식, 가치관을 가지고 삶을 살아가는 것이 더 중요하다는 것을 배웠습니다.

28살 봄, 제 앞에 있던 두 가지의 길에서 제가 선택한 길이 그 때는 어려운 길이었지만, 돌아보니 저에게 최선의 길이었습니다. 새로운 3월 학기를 시작하려는 때에, 임신 사실을 알았습니다. 기쁘고 감사하기도 했지만 걱정도 있었습니다. 중국에서 낳자니 병원이 믿음직스럽지 못했고, 한국에서 낳자니 지낼 곳이 없었습니다. 임신, 출산, 육아에 드는 비용을 얼추 계산해 보니 도저히 감당할 수 없는 액수였습니다. 그래서 바로 미술 과외 아르바이트를 시작해서 돈을 벌었습니다.

중국 병원을 외국인이 이용하려면 비용이 많이 듭니다. 임신 확인 초음파를 한 번 보려면 한국 돈으로 50만원이 필요했습니다. 그래서 저는 임신 5개월이 되도록 초음파 한 번을 보지 못했습니다. 아기가 자리를 잘 잡았는지, 잘 자라고 있는지, 심장은 뛰는지, 기형아는 아닌지 아무것도 알지 못한 채 지냈습니다. 한국에 오자마자 국민행복카드를 발급받아 5개월이 돼서야 초음파를 처음으로 보았습니다.

아기의 태명은 "담뿍이" 입니다. 부족하게 자랐던 부모지만 너만큼은 사랑도, 행복도, 기쁨도 가득가득 넘치게 담으라고 지어주었습니다. 어떨 때는 배를 부여잡고 울 때도 있었습니다. 아가, 너는 어쩌다가 부잣집에 가지 못하고 가난하고 볼품없는 우리에게 왔는지, 참 많이 미안했습니다. 그렇지만 생명이라는 것이 내가 만들어낸 것이 아니라 신이 주신 선물인데, 우리 같은 부모에게도 주신 이유가 있지 않을까 생각했습니다. 저에게 남편은 "나를 가난하지 않게 하는 사람"입니다. 남편은 돈이 없어도 그 안에서 만족하고 감사하며 사는 것, 자신이 세운 삶의 관점과 가치관을 지키며 사는 것, 어려움 속에서 유머와 여유를 잃지 않는 것을 가르쳐주었습니다. 그러고 보니 우리 밑에서 자랄 이 아이도 다른 것은 몰라도 진짜 행복이 무엇인지는 알고 자라겠구나 하는 생각이 들었습니다. 더 이상 아이에게 미안해하지 않고 우리가 줄 수 있는 최선의 것을 주어야겠다고 생각했습니다.

제가 아이를 낳은 곳은 진오비 산부인과 입니다. 사실 과잉진료를 하지 않는다고 해서 돈을 아끼려고 갔던 곳인데, 제왕절개율이 낮고 최대한 자연분만을 하도록 도와주는 곳이었습니다. 모자동실과 모유수유를 적극 권장하는 곳이었습니다. 32주 안에는 성별을 알려주지 않았고, 유도제, 촉진제, 무통주사도 사용하지 않았습니다. 회음부 절개, 관장, 내진 등은 36주 쯤 산모가 출산계획서를 작성하면 그것에 맞게 해주었습니다. 그래서 제 아이가 큰 편이었는데도 40주 6일 자연 진통이 오기까지 기다려주었습니다.

40주 6일, 2017년 12월 15일이 되는 새벽부터 진통이 시작되었습니다. 오후 2시 50분 3.5킬로그램 건강한 여자아이를 낳았습니다. 딸 이름은 황희움 입니다. 새싹과 우물이라는 뜻의 순 우리말 "움"을 넣어서 "희망의 새싹, 희망의 우물" 이라는 뜻입니다.

아기가 나올 생각이 없는지 40주 예정일을 넘겼는데 가진통조차 없었습니다. 40주 6일 되는 새벽 12시부터 진 진통이 갑자기 오더니 그날 오후 2시 50분에 낳았습니다. 집에서 진통을 겪다가 5분 간격으로 진통이 올 때 출발해서 오전 9시에 병원에 도착하니 2분 간격으로 줄어있었습니다. 입원실에서 진통을 겪는데 점점 진통주기는 짧아지고 강도는 세졌습니다. 저는 진통이 이런 것인 줄 몰랐습니다. 아픈 것도 아픈 건데 무서웠습니다. 진통이라는 게 언제 끝날지 모르는 거고, 자궁 문이 열리면서 더 세게 진통이 올 텐데, 그럼 얼마나 더 아프다는 건지 하는 생각에 아품보다 무서움이 더 컸습니다. 그래도 남들 다 하는 건데, 나라고 못할까 하는 마음으로 참았습니다. 이래서 사람들이 무통주사를 맞는구나 싶었는데, 무통주사는 맞지 않겠다고 다짐했던지라 꾹 참았습니다.

이후로 양수가 터지고 진통 강도는 더 세졌습니다. 도저히 이대로는 못 견디겠다 싶어서 진통 자세를 엎드린 자세로 바꾸고 몸을 앞뒤로 흔들었습니다. 점심 12시가 되자 원장님께서 분만실로 옮겨서 힘주기 연습을 하라고 하시며 오후 안에는 낳겠다고 하셔서 얼른 이 진통이 끝나기를 바랐습니다. 그런데 힘주기를 잘 못해서 아기가 위에서 골반에 꽉 끼어 못 내려오고 있었습니다. 오후 2시 50분에 아가가 나왔습니다.

진통의 처음부터 끝까지 남편이 함께했고, 원장님께서 준비해주셔서 출산 순간도 남편이 촬영하고 탯줄도 잘랐습니다. 혼자 아기 낳는 게 아니라 남편과 함께 할 수 있도록 해주셔서 남편이 출산 이후 육아에도 더 적극적으로 참여하게 되는 것 같습니다.

출산의 어려움에 대해서는 들었지만 모유수유의 어려움은 알지 못했습니다. 그냥 아기를 낳고 젖을 물리면 되는 줄로만 알았습니다. 나름 가슴도 큰 편이어서 전혀 걱정하지 않았습니다. 그런데 잘못된 정보 습득과 조언을 구할 사람이 없는 환경에서 모유수유는 뜻대로 되지 않았습니다. 네이버 카페를 통해 아이통곡 파주점 선생님을 알게 되었고 방문해서 저의 가슴 상태에 대한 객관적인 진단을 받았습니다. 젖양이 많은 줄 알았지만 너무 적었고, 이후에는 젖양을 늘리는 생각만 있었는데 양을 늘리는 것보다 배유구를 부드럽게 넓히는 것과 식이조절이 더 중요하다는 것을 알았습니다. 유축기 사용법도 몰랐고, 아기가 밤에 길게 자면 같이 잤는데 젖양 유지를 위해 밤과 새벽에도 3시간에 맞춰 유축을 해주었습니다. 그래서 처음에는 3시간에 40밀리미터 나오던 모유가 90밀리미터 나왔고, 이후에는 130밀리미터 까지 나왔습니다.

일주일에 한 번 정도 선생님을 찾아뵙는 것이 쉬운 일이 아니었습니다. 하지만 저는 나중에 아이에게 들어갈 사교육비, 육아 용품비, 의류비 등등에 들어갈 돈보다 모유수유를 위해 드는 돈은 아깝지 않다고 생각합니다. 좋고 비싼 육아용품 사는 것보다 아이가 충분히 먹고 배부른 모유를 주는 것이 훨씬 나은 것이라 생각합니다.

모유는 오감으로 먹는 것입니다. 엄마의 따뜻한 품을 느끼고, 목소리를 들으며, 맛을 보고, 냄새를 맡으며, 엄마의 눈을 쳐다보면서 오감으로 먹는 것입니다. 옷이 없다면 물려 입으면 되지만 모유는 그 누가 대신 해줄 수 없습니다. 아빠도 할 수 없는 오직 엄마만이 줄 수 있는 것입니다. 앞으로 아기가 한평생 살아가면서 생애 첫 2년의 모유를 먹었던 시절은 잊혀지지 않을 것입니다. 이것은 돈으로도 살 수 없고, 아이가 큰 다음에 줄 수 없는 오직 이 때에만 줄 수 있는 것이기에 더 소중하고 값지게 생각합니다. 아래는 제가 임신했을 때 출력해놓고 방에 붙여놓았던 시 입니다. 제 부모로서의 삶이 박노해 시인의 '부모로서 해줄 단 세 가지'처럼 되었으면 좋겠습니다. 시인은 첫째, 아이를 자유로운 공기 속에 놓고, 둘째 '안 되는 건 안 된다'를 새겨주고, 셋째 평생 가는 좋은 습관을 물려주는 일을 생각했습니다. 시인의 말처럼 그저 내 아이를 믿음의 침묵으로 지켜보면서 이 지구별 위를 잠시 동행하고 싶습니다.

연예인의 출산

2014년 8월, 무더위가 유난히도 기승을 부렸다. 한 낮의 땡볕은 아스팔트도 녹일 기세다. 심신이 몹시 지친다. 국제모유수유전문가인 나는 14년째 모유수유 육아상담소를 운영하고 있었다. 산모와 상담하는 데도 숨이 헉헉 막힐 지경이다. 전화벨이 울렸다.

"안녕하세요, 저는 00연예입니다. 출산 3주가 되었고요. 수유중인데 아기가 젖이 많이 부족해서 보챕니다. 모유수유를 하고 싶어요."

그녀는 나에게 다른 사람과의 만남을 피해달라고 요청하였다. 그 또한 나의 상담소 시스템에서는 불가능함을 말했다. 내가 할 수 있는 배려는 앞 사람 상담이 끝날 때 인적이 드문 주차장으로 올라오라는 정도였다. 다음에 상담할 산모가 언제 올지는 확답할 수 없음도 설명했다. 상담소의 특성상 산모가 미리 와 수유하는 경우가 많기 때문이다.

전화 상담 3일 뒤 그녀가 방문했다. 커다란 선글라스와 스카프로 얼굴 전체를 가리고 나타났다. 그녀의 유방상태를 확인했다. "산모님은 젖양이 아주 부족합니다. 100명 중에 5명 안에 들어가는 젖양 부족입니다." 그녀의 얼굴이 이지러졌다. 세상을 잃은 것 같았다. 그녀는 강한 어투로 반문했다. "그동안 관리 받은 곳의 원장님은 완전모유수유가 가능하다고 했습니다."

나는 차분히 설명했다.

"저의 진단이 틀릴 수도 있습니다. 저는 모유수유보다는 애착에 더 신경 쓰는 것이 효율적이라고 생각합니다. 다른 원장님이 젖양 증가 진단을 하셨으면 그분에게 가는 것이 현명합니다."

마사지를 하고, 그녀의 젖가슴에서 1밀리리터 용량의 주사기로 모유를 가득 담아 주었다. 충분히 생각 후 연락하라고 했다. 상담소를 나가는 그녀의 발걸음이 무척 무겁게 느껴졌다.

톱클래스 연예인을 만난 신기함은 없었다. 한 엄마의 안타까움을 도와줄 수 없는 강사의 한계 때문이었다. 하루 내내 가슴이 저미었다. 내가 할 수 있는 것은 모유의 장점보다는 애착의 중요성을 강조하는 것 뿐이었다.

다음날 그녀에게서 연락이 왔다. "원장님 마사지 효과가 있어요, 두 배나 늘었어요. 내일 예약 잡아주세요. 너무 행복합니다. 원장님, 감사합니다." 나는 귀를 의심했다. 이해되지 않는 상황이었다. 분명, 그녀는 국제 모유수유 시험문제에도 출제되는 젖양 부족의 사례였다.

한참을 생각해보니, 그녀에게 짜준 모유는 1밀리리터였다. 2배로 늘었으면 2밀리리터….

이 긍정적 마인드는 무엇일까. 엄마의 행복 2밀리리터의 의미는 무엇일까. 5퍼센트 안에 드는 젖양 부족인 상태에서도 그녀는 방법을 찾았다. 처음에는 모유를 먹이고, 다음에는 분유를 타 주었다. 아기가 젖이 안 나와 짜증부리면 주사기를 사용했다. 분유를 유방에 흘렸다. 아이는 모유로 생각해 먹었다. 아기가 조금 더 커서 짜증을 내면 유방에 모유생성유도기를 달고 먹였다.

백일이 지난 후에 아기는 엄마젖을 거부했다. 이에 분유를 먼저 주고, 젖을 먹이는 방법으로 순서를 바꾸어 갔다. 나는 "힘들지 않냐"고 물었다. 그녀는 "아기에게 젖을 빨릴 수 있어 행복하다. 아기가 빵끗 빵끗 웃을 때 마다 힘든 것이 눈 녹듯이 사라진다. 아기 아빠도 너무 좋아한다."고 한다.

하루는 방송국에서 주인공 캐스팅 제의가 왔다. 그러나 그녀는 모유수유를 이유로 거절했다. 그녀는 스스로 얼마나 아기를 사랑하는지 느꼈다고 한다. 아기가 젖을 빨 때 유대감 형성이 탑 쌓듯이 올라간다. 그녀는 신이 나 유대감을 이야기한다. 도도해 보이는 연예인이 젖가슴이다. 그런데 아기에게 내미는 그녀의 젖가슴은 예뻐만 보인다.

난. 왜 저런 맘이 안 들었을까. 선천적으로 모성애가 많은 사람이 못되는 것일까.

아니다. 그것도 교육의 영향이 있다. 연예인인 그녀는 바쁜 일정에도 불구하고 임신 때 출산의식을 가지려고 노력했다. 부모교육도 받았다. 모성애도 관심에 의해서 만들어 지는 것임을 나는 느꼈다.

그녀는 오늘도 커다란 선글라스에 스카프를 얼굴에 두르고 방문하였다. 뒤에 온 다른 산모의 남편이 물어본다. "연예인 ㅇㅇㅇ 아닌가요." 다 둘렀는데 어떻게 알았을까. 하여간, 남자는 가려도 예쁜 여자는 용케도 알아본다.

그녀에게 출산 병원에 대해 물었다. 출산 이야기를 들으면 산모의 의지와 개념, 가치관을 엿볼 수 있다. 모유수유에 대한 산모의 열정을 확인할 수 있다. 그녀는 자연주의 출산에서 48시간 진통해서 아기를 낳았다. 48시간 동안 세 식구가 하나 되면서 희로애락을 맛보았다. 세 식구가 함께 여행하는 느낌을 받았다.

진통을 아기와 엄마만이 담당하지 않았다. 신랑의 숨소리와 거친 호흡도 진통하고 있었다. 진정한 가족이 되는 순간, 출산의 고통은 희열로 다가왔다. 몸속에서 올라온 뜨거움이 온몸으로 퍼졌다. 이 전율감에 대해 그녀는 40평생 느껴보지 못한 감정이라고 하였다.

그녀는 둘라 제도를 이용했다. 둘라는 출산을 도와주는 사람이다. 외국에서는 둘라가 임신 28주부터 한 달에 한 번, 2주에 한 번, 1주일에 한 번, 출산 무렵까지 산모와 소통한다. 이 과정에서 둘라와 산모는 서로를 의지하고 신뢰한다. 또 그 방법을 배운다.

그녀는 임신 3개월 전 부터 신랑과 함께 몸을 만들기 시작했다. 명상을 위하여 요가를 하였다. 아기가 편하게 내려올 수 있는 방법을 신랑과 함께 산전교육에서 배웠다. 책과 유튜브를 통해 공부를 했다. 출산을 가장 자연스러운 방법으로 받아들일 수 있었다. 얼굴이 많이 알려진 연예인이라 나라에서 운영하는 보건소에 가지 않았다.

그녀가 하루는 USB를 내민다. 신랑과 같이 공부한 내용인 든 것이다. 다른 산모에게 도움이 되기를 희망한다. USB에는 자연주의 출산 보고서, 아기 성장 보고서 5부작, 생명탄생의 비밀, 고수들의 육아 배틀, 오래된 미래 전통육아의 비밀, 엄마품의 기적 캥거루 케어 등이 담겨 있었다.

그녀는 출산을 두려워하지 않았다. 자연스러운 일로 여겼다. 오히려 많은 산모가 교육 부족으로 출산을 고통으로 여기는 것을 안타까워했다. 여행을 가기 전에 많은 이들은 목적지의 볼거리를 공부한다. 블로그나

SNS등을 통해 지식을 습득한다. 그러나 많은 임산부와 아빠는 아기를 맞을 최소한의 지식도 갖추지 못하는 경우도 있다.

임산부를 매주 만난다. 어떤 임산부를 보면 한 숨이 난다. 아기는 알아서 나오고, 젖도 잘 먹을 거라는 억지 희망으로 자신을 합리화 시키는 산모다. 이때마다 20여 년 전의 나의 모습을 보는것 같아서 조바심이 난다. 나 같은 실수를 범하지 않기를 바라는 마음이다. 산모들이 제일 많은 정보를 얻는 곳이 인터넷 카페다. 모르는 사람들이 모여 배를 산으로 향해 노를 젓는 형국이다. 미디어를 접하는 경우에도 옥석을 가리는 통찰력을 지녀야 한다. 내 몸 안에 세상을 맞이할 태아가 있기 때문이다. 출산의 주체가 의료인이 아닌 산모와 아기임을 의료인은 가슴깊이 새겨야 한다.

생명의 소중함을 아는 참된 의료진과 가장 자연스러운 출산을 원하는 예비부부가 많다면 의료계의 불편한 진실은 개선될 것이다.

산통 공포와 출산 환희

많은 임산부는 여러 가지 출산 준비를 한다. 출산법인 라마즈, 르봐이예, 소프롤로지 등을 공부하고, 요가나 필라테스로 몸 만들기도 한다. 이 같은 방법은 출산 통증의 일부 완화 효과도 기대할 수 있다. 그러나 산모에게 산통은 숙명이다. 통증 없는 자연분만은 불가능하다.

가임기 여성에게는 생리통이 있다. 생리통은 자궁 수축으로 일어난다. 자궁에는 수정란이 잘 자라도록 혈들이 자리 잡는다. 그러나 정자와 난자가 수정되지 않으면 혈들이 불필요해 배출하게 된다. 출산 시의 산통도 생리혈을 자궁 밖으로 보내는 원리와 같다.

태아가 산도를 통과하려면 자궁이 수축되고, 주변 조직과 골반의 근육, 인대 등이 벌어져야 한다. 이 때 산모가 느끼는 게 산통이다. 산통이 있어야 아기는 내려올 수 있다. 그렇기에 산모에게 통증은 숙명이다.

수축 자궁의 태아 압박은 탄력붕대로 온몸을 감고 있는 상태와 비슷하다. 태아의 호흡은 히말라야 산맥 정상에 올랐을 때처럼 버겁다. 엄마가 호흡하지 않으면 태아는 산소공급을 원활하게 받을 수 없다. 초산모는 경산모에 비해 자궁경부와 골반이 잘 벌어지지 않는다. 통증이 심하고, 출산 시간도 많이 걸린다. 경산모가 통증을 적게 느끼고, 진통에서 출산까지의 시간이 짧은 것은 골반이 쉽게 열리는 덕분이다.

산통을 줄이는 방법은 무엇일까. 의료진이 아닌 산모가 주체가 된 행동을 알 필요가 있다. 2003년에 미국 산부인과 의사가 한국에서 진행한 출산교육에서 라마즈호흡법을 안내한 적이 있다. 동영상에 세계인들의 출산 모습이 소개됐다. 동영상을 보는 많은 의료인이 잔잔한 충격을 받았다. 두뇌의 이해보다는 가슴을 울리는 의미로 다가왔다.

분명, 아기를 낳는 산모가 웃고 있다. 병원에서는 볼 수 없는 광경이다. 어떤 산모는 눈송이로 옷을 입은 자작나무길을 가족과 함께 산통을 공유하면서 걷는다. 행복한 웃음소리가 동영상 밖으로 흘러나오는 듯하다. 수중출산, 가정출산, 더 놀라운 것은 바다에서 아기를 낳는 장면이다.

산모의 얼굴은 바다에서 파도 타고 노는 천진난만한 개구쟁이 모습이다. 파도가 넘실거릴 때 코로 길게 들이마시고, 파도가 부서지면 온몸을 이완하고 숨을 내쉬면서 웃는다. 아기가 태어나는 순간 산모는 불꽃놀이를 보는 사람과 같은 황홀과 감동의 표정이다. 아기의 입 꼬리는 올라가 있고, 그윽이 평온해 보인다. 아기는 분명 울지 않고, 웃고 있다. 출산 동영상을 보면서 그네들의 출산문화가 부럽기만 했다. 우리나라 산모와 대비가 됐다.

산고의 정체는 아플 것이라는 막연한 두려움도 한몫한다. 뒤늦게 출산의 원리를 알면 후회하는 엄마들도 있다. 한 여성에게 출산은 두려움과 공포로 시작돼 기나긴 아픔으로 남게 되었다. 두려움과 공포는 교감신경을 항진시킨다. 심장을 마구잡이로 뛰게 하고, 말초혈관을 수축시킨다. 온몸 혈관 수축으로 자궁의 혈관도 지나치게 긴장한다. 탯줄로 산소공급이 원활하게 되지 않는 일이 벌어지게 된다. 산소공급이 원활하지 못하면 태아의 심장 박동수는 떨어지고, 호흡이 힘들어 배 속에서 태변을 보게 된다. 태아는 배설된 태변과 양수를 마시게 된다. 태아의 상태는 좋을 리 없다. 수술 하는 경우도 비일비재하다.

산모는 태아를 위해 출산 과정의 공포를 넘어야 한다.

임산부는 출산과 관련된 교육을 받는 것이 좋다. 출산에 대한 막연한 두려움과 공포가 심하다면, 자궁수축으로 인해 통증이 심하다면 몸의 이완법을 활용하면 좋다. 편안히 앉아 눈을 감고 명상을 한다. 넓은 바닷가 백사장에 앉아 밀려오는 파도를 바라본다. 하얀 거품을 내뿜으며 솟구친 파도가 잔잔히 가라앉으며 부드럽게 다시 밀려나간다. 허리에는 따뜻한 찜질팩을 부착하고, 캐모마일과 라벤다를 사용한 아로마향 목걸이를 착용한다. 통증이 심할 때는 요가동작의 하나인 고양이자세를 자주 한다.

치골이 빠지듯이 아프고 회음부가 뻐근할 때에는 스쿼트 자세를 한다. 이 방법은 출산하는 과정에서 도움되고 통증도 완화된다. 이러한 방법들을 숙지하고 임신 중에도 매일 연습하면 출산할 때 상당한 도움이 된다.

산모가 산고의 파도를 편안하게 넘는 가장 좋은 방법은 가족과의 소통이다. 280일 동안의 여정을 같이 한 남편의 목소리, 손길은 산모와 태아에게 용기와 편안함을 선물한다. 산모와 태아가 주체가 되고, 남편이 버팀목이 되는 출산이 가장 안정적이고, 바람직하다. 태아와 교감하고 소통하면 출산은 분명 공포가 아닌 환희와 기쁨으로 다가올 수 있다. 태교는 출산을 환희로 안겨줄 히든카드다. 임신 때 태아와의 교감에 적극적이지 않은 산모는 출산 시 아기와의 소통이 어색할 것이다.

태교를 잘 하고 자연주의 출산을 한 산모는 얼굴에 평온과 웃음이 많다. 진통이 사라지면 태명을 끊임없이 부른다. "사랑하는 OOO. 힘들지…. 조금만 힘내. 사랑한다…." 진통의 파도가 다시 오면 수축이 오는 배를 만지며 다시 한 번 노를 젓는 사람처럼 태아에게 말을 건넨다. "엄마가 도와줄게." 아빠도 옆에서 함께 말한다. "힘내자. OOO…." 가족이 함께 하는 사랑이 엄마에게서 공포와 두려움은 편안함으로 대치된다.

산고는 더 이상 사랑스런 가족에게 공포와 두려움의 대상이 아닌 함께 헤쳐 나갈 인생의 문이다. 태아에게 집중하고 소통하는 엄마, 아빠의 모습은 곧 아기를 만날 수 있다는 희망이다. 두려움과 공포를 극복하기 위한 최고의 방법은 280일 동안 함께 하는 가족의 태담이라고 할 수 있다.

칠삭둥이 산모의 모유 성분

"선생님, 젖이 나오지 않아요." 쌍둥이 단아와 단비 엄마의 다급한 목소리다. 태아는 엄마 뱃속에서 10개월(39주)을 지낸다. 그런데 단아와 단비는 28주 만에 세상에 나온 칠삭둥이다. 조기 출산은 엄마의 약한 자궁 탓이었다. 출산한 지 얼마 되지 않은 엄마의 몸은 여전히 퉁퉁 부어 있었다.

제왕절개를 했지만 배는 남산만 하고 온 몸에는 모세혈관이 터진 흔적이 역력하다. 젖가슴은 푸르고 시커멓게 멍들어 있었다. 아이를 지키려는 산모의 사투를 온 몸에서 읽을 수 있었다. 그녀는 불안한 눈망울로 한숨을 거푸 몰아쉬었다. 가까스로 마음을 추스렸음에도 바싹 마른입으로 젖이 잘 나오는 방법을 묻는다.

산모는 미숙아에게 모유의 중요성을 잘 알고 있었다. 임신과 출산과정을 지켜본 산부인과 주치의로부터 "미숙아는 특히 모유를 수유해야 합니다. 젖이 적으면 모유은행에서 사가지고 오세요"라는 말을 들었었다. 그녀는 그 순간부터 젖가슴을 내 놓고 모유를 한 방울 한 방울 주사기로 받아 모았다. 하지만 모유의 양이 부족해 상담소로 황급히 찾아온 것이다.

조산아 엄마의 모유 성분은 정상 출산 산모의 그것과 성분에 차이가 있다. 조산아는 엄마의 모유를 먹어야 하는 이유가 있다. 첫째, 조산아 산모의 모유에는 고농도의 열량, 지질, 고질소 단백질, 나트륨, 염화물, 칼륨, 철분, 마그네슘이 함유되어 있다. 둘째, 조산아는 소변의 농축과 희석 능력이 부족하다. 체중에 비해 체표면적이 커 불감성 수분손실이 일어난다. 따라서 조산아에게는 엄마의 모유가 가장 적합하다.

셋째, 조산아 산모의 모유 성분은 4~6주 지나면 만삭아 산모의 그것과 같게 변한다. 넷째, 모유를 먹는 조산아의 위 배출 시간은 분유를 섭취할 때의 절반에 불과하다. 분유를 먹는 조산아는 소화에 어려움을 느낄 가능성이 높다. 다섯째, 모유에는 미성숙한 장이나 장관계통(intestinal system)에 부족한 활성 효소(리파아제, 아밀라제 ,라이소자임)를 포함하고 있다. 조산아의 장관계통 성숙을 촉진시키는 영양인자를 제공한다.(Lawrence. 2005)

여섯째, 아토피 가족력이 있는 아기의 알레르기 발생 위험을 감소시킨다. 일곱째, 시력과 망막 건강을 최적으로 발달시킨다. 여덟째, 모유를 먹는 조산아는 지능지수가 높다. 인지 및 뇌신경 발달 결과가 좋다. 분유에 없는 모유의 긴 사슬 불포화 지방산이 두뇌 발달에 영향을 준다.(Lucas et al,1992; Vohret al,2006)

아홉째, 환경 병원균으로부터 보호한다. 침습적인 치료(invasive treatments)와 수많은 의료진이 들락거리는 신생아 특수 치료실에서는 항균력이 특히 중요하다. 열 번째, 조산아 산모의 모유는 미숙아의 신체기관 성숙, 면역학적 요구, 성장에 가장 적합한 성분이다.

조산아나 만산아를 막론하고 모유는 아기의 성장과 건강에 절대적이다. 모유수유의 필요성은 다음과 같다. 무엇보다 모유의 양과 성분은 아기의 성장에 따른 신체적 요구에 맞추어 변화한다. 가령, 아기에게 비타민A가 부족하면 엄마의 모유에는 비타민A가 더 담기게 된다. 모유에는 중추신경과 두뇌발달에 필요한 유당, 아미노산이 많이 함유되어 있다. 정상적인 두뇌발달을 가능하게 한다. 분유에는 단백질이 많다. 그러나 우유의 단백질 80퍼센트를 차지하는 카제인(casein)은 과민반응의 주원인이 된다. 모유는 세균과 바이러스에 대한 항체를 다량 함유하고 있다. 이 중 상당수는 분비항체인 면역글로빈A(IgA)로 점막에서 감염방어에 관여한다.

Mata와 Goldblum 등 학자에 의해 장—유선 경로를 통하여 항체 형성 세포가 모체 위장관에서 유선으로 이동하여 감염균에 대한 분비성 항체를 형성하는 것으로 보고했다.

이상권 박사는 로타바이러스(human rota-virus) 장염을 앓는 영아에게 모유를 수유하면 설사 기간이 단축됨을 확인했다. Lucas 등은 생후 7~8세 미숙아 300명을 대상으로 웨슬러아동용지능검사(Weschler intelligence Scale for children) 기법으로 지능발달 조사 한 결과 평균보다 8.3 높은 결과를 보고했다.

모유의 수유자세

끝순이가 드디어 태어났다. 보건소 강의 때 인연을 맺은 산모가 낳은 여아다. 맨 앞줄에 앉아 열심히 필기를 하던 산모는 특강 때마다 모습을 보였다. 강의할 때마다 그녀는 마치 처음 듣는 것처럼 고개를 끄덕였다.

이건 뭐지? 내용이 같은 강의를 왜 이리 많이 들을까. 경품을 타기 위해서 산모교실에 오는 것은 아닐까. 궁금한 맘에 머쓱함을 무릅쓰고 물어보았다. 산모의 대답은 뜻밖이었다. "모유수유를 꼭 하고 싶어서, 원장님을 쫓아 다녀요. 원장님 강의의 뼈대는 항상 같지만 살은 매번 달라요." 웃으면서 이야기하는 그녀가 고맙고, 신기했다. 잠시 시간을 내어 산모의 유방을 훔쳐보면서 나도 모르게 질문을 했다.

"유방이 얼마나 커 졌나요.", "거의 한 컵 정도요."라고 답했다. 변화가 있음은 호르몬에 큰 문제가 없을 가능성을 시사한다. 모유수유에 여러 변수가 작용하겠지만 우선은 안심상황이다.

특강을 마치고 나오다 산모 부부를 엘리베이터 앞에서 만났다. 부부는 조산원에서 아기를 낳겠다고 한다. 용기를 낸 부부는 자연 출산과 모유수유가 아기에게 최고의 선물로 믿고 있었다. 부부의 용기와 아기에 대한 사랑이 부러웠고, 응원해 주고 싶었다.

부부는 37주 5일에 산전교육과 마사지를 받으러 육아상담소를 방문하였다. 얼마나 열심히 태교와 모유수유에 대해서 공부를 했는지, 유방 마사지를 한 순간 예상은 빗나가지 않았다. 분사력이 강한 젖이 하늘로 로켓포를 쏘듯이 큰 포물선을 그리면서 날아간다. 남편의 얼굴에는 미소가 사라지지 않았다. 아내는 사랑의 눈빛으로 신랑을 바라보며 좋아했다. "우리 끝순이 배불리 먹을 수 있겠다." 세상의 모든 부모는 자식 입속에 먹거리가 들어가면 행복해진다. 이 말이 불현 듯 생각나며 나도 행복에 젖었다.

조산원에서 아기를 낳은 끝순이 엄마는 출산 후에도, 젖양과 수유자세에 대하여 다시 확인을 받기 위하여 육아상담소를 재방문하였다. 엄마 젖을 평온하게 빠는 끝순이를 지켜보는 부부는 세상을 다 얻은 사람의 여유로움이 묻어났다. 부부를 보면서 일본 산모들을 떠올렸다. 가족이 함께 아기의 먹거리를 위해서 공부하고 실천하기 위해 모유수유 교육을 받는 그녀들이다.

임심 16주 때부터 꾸준히 유두와 유륜을 마사지하면 아기가 젖을 잘 빨 수 있는 환경이 된다. 이 같은 노력은 세상 바깥으로 나오는 새 생명에 대한 아름다운 초대일 것이다.

끝순이 부모는 산전에 수유자세 교육을 여러 차례 받고, 수차례 집에서 연습을 해서 그런지 능수능란했다. 첫아이를 가진 부모의 어설품은 어디서도 찾아 볼 수 없었다.

모유의 양이 적으면 아기는 본능적으로 세게 젖을 빤다. 압력을 최대한 이용하기에 유두 중앙에 상처가 난다. 수유자세가 잘못되면 유두 가장자리 부분에 찰과상을 입는다. 아기에게 젖을 먹일 때는 반드시 염두에 두어야 할 사항이 있다. 대부분 동양인의 젖가슴은 서양인의 유방보다 높다. 이를 감안해 수유자세를 취할 때는 몇 가지 준비를 할 게 있다. 수유쿠션, 목욕수건, 얼굴수건, 쿠션 등을 가지고 병원에 가는 것이 좋다. 신생아실에서 수유 전화가 온다고 상상해 보자.

먼저, 왼쪽 젖을 먹인다고 가정하자. 그 방법을 설명한다.

| 요람 자세 |

| 미식축구형 옆구리(풋볼) 자세 |

1. 유방의 기저부마사지를 한 후 유두, 유륜부 마사지를 한다. 유륜을 부드럽게 만드는 것이다.
2. 아기를 수유 쿠션에 편하게 누인 후, 산모는 왼쪽 손으로 좌측 유방의 가장자리를 잡는다. 오른손으로는 아기의 목덜미를 받쳐준다.
3. 아기의 배와 엄마의 배가 마주 보게 한다. 아기의 귀와 어깨 엉덩이가 신생아기에는 일직선 되는 것이 깊은 젖 물리기에 유용하다.
4. 아기의 입을 유두의 높이에 맞춘다. 수건으로 높이를 조절하고, 손목이 아프면 지지 할 수 있도록 수건을 이용한다.
5. 아기가 편안하게 숨 쉴 수 있도록 한다. 물을 마실 때처럼 식도가 확장되게 유방에 턱을 붙이고, 코를 닿게 한다. 아기 입술 모양은 꽃봉오리가 활짝 피듯이 완전 K자가 되게 물린다.
6. 교차 요람식으로 먹인 후에는 수유쿠션을 그대로 돌려서 미식축구형 자세로 수유를 취한다.
7. 양쪽을 15분씩으로 수유를 한다. 다음 수유는 반대인 오른쪽 젖부터 교차식 요람자세로 한다.

30대 여성의 세 아이 출산기

한 조산원에서 인연을 맺은 산모가 태교 육아 전문가인 이은영에게 보내 온 편지다. 세 아이를 둔 30대 산모는 둘째와 셋째 아이 출산 때 이은영 으로부터 도움을 받았다. - 필자 주 -

이은영 선생님께

저에게는 세 아이가 있습니다. 첫째는 산부인과 병원에서 낳았고, 둘째 와 셋째는 조산원에서 출산했습니다. 첫째 아이 임신 중에 모유수유 전 문가 선생님의 강의를 여러 차례 들으면서 조산원 출산이 궁금했습니다. 그러나 주위에서 조산원을 아는 사람이 거의 없었습니다. 병원에서 아이 를 낳는 것이 안전하다는 권유가 많았습니다. 많은 이가 그랬듯이 저도 병원 출산을 당연하게 생각했습니다.

하지만 병원에서의 출산은 다소 아쉬움이 있었습니다. 병원 앞에 도착 하니 진통 간격이 벌어졌습니다. 근처 공원에서 걷다보니 진통 간격이 다시 줄어들었습니다. 병원에 올라가니 자궁문이 많이 열려서 바로 입원 해야 했습니다. 그 때부터 아이 낳을 때까지 쭉 누워서 링거를 맞았습니 다. 일어나 걷고 싶었지만 누워있어야 했습니다. 대신 열심히 호흡을 했습니다. 아이를 낳고 나서 돌이켜 보니 그 점이 많이 아쉬웠습니다. 아마 움직였더라면 더 빨리 아이를 낳았을 것입니다.

진통 중에는 촉진제 맞을지 여부를 주기적으로 물어왔습니다. 저는 출산하며 주사를 맞지 않겠다는 생각이었습니다. 진통 중에도 그 마음은 변함없었지만 의사의 생각은 달랐습니다. 저는 주사를 맞지 않은 채 아이를 낳았고, 지금도 아주 잘 한 결정으로 생각합니다.

그리고 임신 중에 들었던 강의 덕분에 출산에 도움 되는 운동, 출산 호흡법, 힘주기 등을 수월하게 할 수 있었습니다. 아무것도 모르고 아이를 낳는 것과는 엄청난 차이가 있음을 느꼈습니다. 제 경험을 바탕으로 주변 임산부에게 꼭 공부하고 아이 낳기를 당부합니다.

출산 후에는 모자동실에 있으면서 아이와 거의 떨어지지 않았습니다. 소아과 회진 돌 때와 아이 목욕 시킬 때만 신생아실에 보냈습니다. 다시 그 순간이 와도 똑같은 시간을 보낼 것 같습니다. 아이와 함께 있는 순간이 엄청난 기쁨인 것을 알았습니다. 그러면서 자연스레 모유수유에 대한 의지도 더 강해졌습니다.

하지만 처음인 모유수유는 정말 힘들었습니다. 병원에서는 초산인데 모유가 잘 나온다고 했습니다. 저도 그렇게 느꼈는데 갈수록 모유가 적었고, 아이도 배가 차지 않으니 더 젖을 물려고 했습니다. 어느 순간, 젖 먹이는 수유가 통증으로 다가왔고, 아이가 자다가 깨면 젖 물림에 대한 두려움이 생겼습니다. 너무 아파서 이스트 감염을 걱정해 병원도 찾았을 정도입니다. 문제를 풀기 위해 강의를 들은 적 있던 모유수유 전문가를 찾아뵈었습니다. 선생님은 유선이 적어서 한 번에 많은 양이 나오도록 젖양을 늘려야 한다고 진단했습니다. 마사지를 받은 후 수유 자세도 체크해 주었습니다.

전 그 때 수유가 아픈 것이 아님을 알았습니다. 그 동안 고생했던 시간들이 생각났습니다. 진작 선생님을 찾지 않은 아쉬움도 있었지만 이제라도 아프지 않게 수유할 수 있음에 마음이 편안해졌습니다. 드디어 한 달보름 만에 모유수유라는 큰 산을 넘었습니다. 사실 아이 낳는 것보다 수유가 더 힘들게 생각될 정도였습니다. 하지만 모유수유 전문가 도움으로 15개월 수유를 잘 할 수 있었습니다.

둘째를 낳을 즈음에 우연히 친구를 만났습니다. 친구가 조산원에서 출산했다는 소리를 들었습니다. 잊고 있었던 조산원 출산에 대한 궁금증이 폭발적으로 일기 시작했습니다. 바로 조산원을 방문했고, 다른 생각 없이 여기에서 아이를 낳겠다고 생각했습니다. 그때가 임신 32주였습니다. 아무 생각 없이 첫째와 같은 곳에서 낳는 것을 당연시 하다가 갑자기 많은 것이 바뀌는 순간이 온 것이죠. 그때부터 출산 책을 몇 권 읽고, 출산에 대한 마음가짐도 더욱 확고하게 바뀌었습니다.

첫째 출산때도 아이를 생각하는 마음이 컸지만 막연한 감에 의지했습니다. 그런데 책을 읽으면서 출산을 보다 긍정적으로 생각하게 되었습니다. 출산은 고통스러운 일이 아니다, 나보다 힘들 아이를 도와주는 역할을 하는 것으로 여겼습니다. 마음을 편안하게 갖고 기쁨으로 받아들이는 생각이 자리 잡게 되었습니다. 이러한 생각은 출산에 중요한 포인트가 되었습니다. 조산원에서의 출산은 아주 편안하게, 가정적으로 이루어졌습니다.

집에서 아이를 낳는 것과 똑같다는 생각이 들었습니다. 옛날 어머니들이 '이렇게 아이를 낳았겠구나!'라고 생각했습니다. 병원에서와는 다르게 더욱 축복받은 느낌, 산모와 아이만을 위한 출산이라는 느낌이 강하게 들었습니다. 링거를 맞지 않았고, 관장과 제모는 물론 회음부 절개도 하지 않았습니다. 자연스러움 그 자체였습니다. 아이를 낳은 후의 몸이 빠르게 회복되고 있음을 알았습니다. 병원 출산은 회음부 절개로 한 달을 넘게 고생했는데 조산원에서의 출산은 몸이 그렇게 가뿐할 수가 없었습니다. 차이를 극명하게 느끼게 되니 첫째를 조산원에서 낳지 못한 것이 더 아쉽기만 했습니다. 또 모유수유가 잘 돼서 '첫째때 고생한 보람이 있구나!'라고 생각했습니다.

셋째 역시 둘째처럼 조산원에서 출산했습니다. 첫째 아이, 둘째 아이 모두 함께 셋째의 탄생을 지켜볼 수 있었습니다. 무엇보다 우리 가족에게 특별한 순간이었고 , 모두에게 기쁨과 사랑이 가득한 사건이었습니다. 아이 낳는 일은 힘들지 않을 수 없습니다. 그러나 고통을 이겨낼 수 있는 나의 의지와 가족의 응원이 함께하는 출산이어서 더욱 행복한 시간이었습니다. 셋째 역시도 모유수유를 수월하게 했습니다. 셋째는 20개월 모유수유를 했습니다. 지금은 단유까지 마친 상태입니다. 세 아이 단유도 모두 모유수유 전문가 선생님의 도움으로 수월하게 했습니다.

출산, 수유, 단유까지의 모든 과정이 아이를 포함한 가족뿐만 아니라 저를 위한 행복의 순간들이었습니다. 모든 과정에서 큰 도움이 되었던 모유수유 전문가 선생님의 강의와 조언에 다시 한 번 감사를 드립니다.

2018년 7월 10일 산모 박ㅇㅇ 드림

젖 몸살과 육아

홍수미(가명-2016년 남아 출산)

부모가 되는 것은 걱정의 연속입니다. 임신 사실을 안 날부터 예비 부모에게는 설렘과 함께 걱정이 찾아옵니다. 뱃속 아기를 만나는 날까지 건강하게 잘 자라는지, 병원에 검진 갈 때마다 괜스레 긴장됩니다. 아기가 정서적으로도 안정되길 바라며 좋은 음악을 듣고 좋은 책을 읽으며 태교에도 힘씁니다. 아기가 태어난 후엔 밤잠을 설쳐가며 먹이고, 쉴 새 없이 기저귀를 갈아주고, 한참을 안고 토닥입니다. 힘겹게 잠든 아기 옆에 지쳐 누워있다 보면 소중한 아기의 부모로서 역할을 잘하고 있는지 걱정에 빠져듭니다.

인터넷 블로그나 카페 글을 보면 다들 그리 힘들지 않게 잘 먹이고, 잘 입히고, 잘 놀아주면서 행복하게 살고 있는 것 같습니다. 그런데 왜 나는 육아가 이리 힘들기만 한지, 내가 잘 하고 있는 건지 우울해지기도 합니다. 특히 남편은 회사일로 바빠 아침 일찍 나가 저녁 늦게 들어옵니다. 친정과 시댁은 멀리 있거나 일을 해 도움이 되지 못하는 이른바 '독박육아'인 경우엔 더욱 그렇습니다.

이 모든 일들이 비단 저 혼자만의 경험은 아닐 것입니다. 지금도 수많은 부모가 '과연 내가 잘 하고 있는 걸까? 누군가 옆에서 방향이라도 좀 알려주면 좋을 텐데' 하는 걱정 속에서 하루하루를 보내고 있을 것입니다.

임신 사실을 안 날부터 회사 일을 마치고 퇴근한 뒤나 주말이면 틈틈이 남편과 함께 육아서적을 읽었습니다. 육아 다큐멘터리도 보며 어떤 부모가 되어야 할까, 어떻게 아이를 키워야 할까 고민을 했습니다. 나름대로의 공부 끝에 내린 결론은 "부모가 행복해야 아기도 행복하다"는 것이었습니다. 부모는 모든 것이 낯설기만 한 아기에게 있어 세상을 비추는 거울, 세상 그 자체라는 점에서 부모가 행복하지 않으면 아기도 행복할 수 없기 때문입니다.

부모의 행복과 아기의 행복을 동일선상에 놓고 보면 많은 고민과 걱정에 대한 해답을 찾을 수 있습니다. 먼저 모유수유입니다. 모유수유를 함으로써 엄마가 행복하고 아기도 행복하다면 당연히 최선의 선택입니다. 하지만 여러 이유로 모유수유가 너무 힘들다면 엄마의 행복을 위해 혼합이나 분유수유를 하는 것이 좋은 선택일 것입니다. 엄마나 아빠 품에 포근히 안겨 배불리 먹고 있다면 엄마의 젖이 아닌 젖병을 빤다고 해서 아기가 행복하지 않을 리 없기 때문입니다.

저는 모유수유가 그리 쉽지는 않았습니다. 출산 때 생각지도 않게 제왕절개 수술을 했고, 병원에 있는 동안은 아기에게 젖 한 번 제대로 물리지 못한 채 수술통증과 젖몸살에 시달리다 겨우겨우 조리원으로 가게 되었습니다. 조리원에서 겨우 보조기구를 사용하여 수유를 하다가 퇴원 이후에도 몇 차례 이어지는 젖몸살과 유구염, 유선염으로 인해 포기하고 싶을 때가 한 두 번이 아니었습니다. 그래도 아기가 잘 먹고, 양도 부족하지 않았던 게 행운이었습니다. 제 품속에서 먹고 있는 아기를 보며 느끼는 행복이 더 컸기에 딱 100일까지만 해보자는 생각으로 버텼습니다. 생후 80일 가량이 되니 저와 아기도 서로 적응해 차츰 편하게 수유할 수 있었습니다. 물론 모유수유로 인한 어려움이 더 컸다면, 적응기간이 더 필요했다면 다른 선택을 했으리라 생각합니다.

아기용품 구매도 마찬가지입니다. 백일이 지나 외출을 시작하면 다른 아기들이 눈에 들어옵니다. 다른 아기들의 옷과 유모차, 장난감을 보며 우리도 필요하다는 생각에 열심히 인터넷 쇼핑몰을 뒤집니다. 그러다 보면 만만치 않은 비용이 부담스럽습니다. 그래도 우리 아기의 행복을 위해서는 꼭 사야겠다는 생각에 오늘도 택배 박스가 쌓여갑니다. 하지만 대다수의 아기용품은 부모의 행복을 위해 존재합니다.

아기에게는 보기에 예쁜 외출복보다는 편한 실내복이 제일이고, 유모차보다는 엄마, 아빠 품에 안겨서 바깥세상을 구경하는 게 더 좋겠지요. 아무리 비싸고 좋은 장난감이라 해도 엄마, 아빠와 몸으로 노는 것보다 반응이 더 좋진 않았습니다. 저는 이렇게 생각하면서 아기를 핑계로 한 구매 욕구를 조금이나마 자제했습니다.

아기가 태어나면 우선순위가 바뀝니다. 아무리 나 자신을, 부부를 앞세우려고 되뇌어도 어느 순간에 아기가 가장 앞에 있습니다. 배고프고 졸리고, 기저귀를 갈아 달라는 아기의 신호를 알아주고, 아기와 눈을 맞추며 놀아주면서 발달단계에 대한 공부와 영양에 맞는 이유식도 챙겨야합니다. 그렇게 바쁘게 지내다보면 어느새 나 자신과 부부의 행복을 챙기는 것이 쉽지 않게 됩니다. 하지만 그렇기에 일부러 더 스스로의 행복에, 부부의 행복에 보다 신경 써야 합니다.

아기에게 먹이는 것만큼 엄마, 아빠가 제대로 먹는 것도 중요하고, 가끔은 나를 위한 쇼핑도 필요합니다. 아기가 자는 동안이라도 잠깐씩 즐길 수 있는 취미는 지친 육아의 단비가 됩니다. 예능이나 드라마, 영화도 좋았고, 책도 좋았습니다. 주말엔 온 가족이 함께 주변 산책을 하거나 근처 쇼핑몰에 가서 커피도 한 잔 하면서 아기도 바람을 쐬고 엄마, 아빠도 육아로 지친 일상에 조금이나마 변화를 주고자 했습니다.

이와 함께 부모와 아기의 행복을 위해서는 주변의 도움이 절실합니다. 아무리 노력해도 계획대로, 내 뜻대로 쉽게 되지 않는 것이 육아입니다. 그동안은 내가 노력하면 어느 정도 목표를 이룰 수 있었는데, 육아는 그렇지 않습니다. 모유수유도 엄마와 아기의 건강 상태, 엄마의 유두 상태 등이 중요하기에 노력만으로 저절로 되는 것은 아닙니다.

저는 모유수유 초반에 조금만 기름진 음식을 먹으면 유선이 막히는 바람에 어린 아기를 돌보며 식습관 조절도 해야 했습니다. 아기가 힘들어하는 시기는 왜 이리도 자주 찾아오는지, 밤중에 잠에서 깨 한참을 울고 있는 아기를 안고 다독거리다보면 부모는 지쳐버리고 맙니다. 친정이나 시댁의 도움을 받을 수 있으면 그나마 한 숨 돌리겠지만 여의치 않은 경우도 많습니다. 도우미를 쓰자니 과연 믿고 맡길 수 있을지 걱정이 되고, 비용도 부담입니다.

그래도 주변을 잘 찾아보면 많은 전문가에게서 도움의 손길을 받을 수 있습니다. 앞서 몇몇 사례를 말씀드렸듯 저 역시 여러 어려움을 겪으며 과연 내가 모유수유를 할 수 있을지 수차례 고민했지만 이은영 선생님 덕분에 11개월을 꽉 채운 완모에 성공할 수 있었습니다. 아기의 건강과 발달 상태가 고민되는 경우 영유아 건강검진 을 계기로 주변 소아과에서 평소에 궁금했던 점을 상담하기도 했습니다. 지자체에서 운영하는 육아지원센터를 통해 상담과 교육 프로그램에도 참가하고, 놀이방에 가서 이런 저런 장난감을 가지고 놀다가 아기 월령에 맞는 장난감을 대여해오곤 했습니다.

하지만 아기를 키우는 부모 입장에서는 더 많은 도움이 필요합니다. 육아로 하루 종일 시달리면서 조금이나마 틈날 때마다 아기의 발달단계에 맞춰 필요한 것들을 인터넷을 뒤져가며 찾아야 하는 것도 고역입니다. 육아 전반에 대한 정부 차원의 지원과 함께 사회적인 도움도 절실합니다.

최근 들어 우리 사회에서 점점 더 어린 아기들을 동반한 부모들을 향한 눈길이 차가워지는 것 같아 안타깝습니다. 낮아져만 가는 출산율을 젊은 세대, 젊은 부부들의 탓으로만 돌릴 것이 아니라 고용, 주거, 교육 등 우리 사회의 전반적인 문제로 인식하여 해결하려는 노력과 함께, 서로를 향한 배려가 더욱 필요한 시점이라고 생각합니다. 부모의 노력과 함께 사회적인 배려가 더해져 부모도, 아이도 모두 행복한 내일을 맞을 수 있기를 고대합니다.

아기의 구강구조와 모유수유

2011년 2월, 눈 내리는 겨울이다. 출산 3주가 된 주원이가 상담소에 왔다. 아기는 젖을 제대로 빨지 못했다. 엄마의 유두에 상처가 심했다. 산모는 아기가 젖을 달라고 할까 봐 두려워했다. 그녀는 상담 중에서 연신 울먹였다. 마냥 예쁘기만 할 줄 알았던 아기가 두려움의 대상이 된 사실을 서글퍼했다. 주원이의 얼굴을 자세히 살폈다. 순간, '헐 ~~' 소리가 나왔다.

2,780그램으로 태어난 주원이는 볼에 살이 거의 없었고, 턱은 들어가 있었다. 턱 길이는 짧고, 입천장은 쏙 들어가 움푹 파인 형태였다. 다행히 혀는 단설소대도 아니고, 두껍거나 짧지도 않았다. 산모는 젖양이 줄까 봐 3주 내내 젖을 한 시간씩 물리고, 바로 유축을 하여 총 400밀리리터 정도 젖이 나오고 있었다.

산모의 헝클어진 머리와 푸시시한 얼굴, 다크서클이 내려앉은 눈에서 안타까움이 묻어났다. 그녀에게 방법을 설명했다. "주원이에게 지금 젖을 물리는 것은 어렵습니다. 아기의 몸무게가 늘고, 입천장의 아치가 완만해져야 젖을 효율적으로 빨 수 있습니다." 산모에게 젖 물리기를 직접 해 보게 했다. 수유 전에 주원이의 몸무게를 측정했다. 집처럼 한 시간 젖을 물린 후에 몸무게를 확인한 결과 수유는 9밀리리터였다.

아기는 젖을 떼는 순간부터 배고프다고 울었다. 밤새 배고파서, 잠 이루지 못하고 보챈 것이다. 몸무게가 3주 동안 유축한 모유와 분유를 보충하여도 300그램 정도밖에 늘지 않은 이유를 설명했다. 주원이 엄마의 눈에서는 눈물이 쏟아졌다.

주원이 엄마는 2017년에 셋째를 출산했다. 세 아이 다 완모를 했다. 첫째 주원이와 둘째 주영이는 구강구조가 젖을 물고 빠는데 효과적이지 않았다. 다행히 셋째 사랑이는 오빠들보다 구강구조가 좋았다. 태어난 순간부터 엄마 젖을 힘껏 빨았다. 산모는 수유 시 시원함을 느꼈다. 이는 두 아들의 모유수유 노하우도 밑거름이 됐다. 주원이는 60일 정도에 젖을 잘 빨기 시작하였다. 주영이는 40일 무렵에 몸무게가 급격하게 늘어 형보다는 더 빨리 완모의 길에 들어섰다.

구강구조는 아기가 젖을 빠는 데 큰 영향을 미친다. 해부학적으로 아기와 성인의 구강은 차이가 많다. 입천장의 앞부분 딱딱한 곳이 경구개, 뒷부분 말랑한 곳이 연구개다. 아기는 목 끝부분이 부드러운 곡선 형태인 반면 성인은 연구개 끝부분이 목을 향해 직각이다. 아기는 볼 지방체가 4~6개월까지 있다가 서서히 사라진다. 아기의 하악골은 성인보다 작다. 혀와 연구개, 후두, 인두는 성인보다 좀 더 높은 곳에 있다. 유난히 하악골이 작은 아기는 엄마 젖을 빠는 데 힘들어한다. 아기가 자라면서 점차 구강내의 공간이 넓어진다. 관련 구조물 사이 거리거리가 멀어지고, 높이도 낮아진다. 이 덕분에 젖을 더 효율적으로 빨게 된다.

혀에 붙어있는 설소대는 구강 바닥에서 혀 아래 정중선으로 뻗어 있는 점막 주름이다. 임신 중기에 퇴화한다. 그런데 퇴화가 안되어서 혀끝이 길게 붙어있어 수유에 걸림돌이 된다. 설소대 단축증은 시술이 필요할 수도 있다. 시술 후 아기가 젖을 효과적으로 빠는지 확인이 가능하다. 아기가 젖을 효과적으로 빨려면 압력을 활용해야 한다. 젖병 수유 시 양압을 이용하는 아기는 젖병 꼭지를 압박한다. 젖을 젖병 빨듯이 먹는 경우는 젖병 꼭지처럼 엄마 유두를 압박한다. 이는 유두상처와 혈액순환 문제를 야기한다.

유두를 빨 때는 음압을 형성한다. 따라서 제대로 끝난 모유수유에서는 유두 모양이 변형되지 않고, 통증도 없다. 립스틱 형태로 유두 끝이 납작하게 눌린 변형이 생기면 유방에 문제를 일으키는 원인이 된다. 수유를 마친 후에는 유두 모양을 확인하는 습관을 갖는 것이 바람직하다

만약, 눌려져 있다면 유두모양을 원 상태로 회복시킨다. 심하게 눌림이 반복되면 바늘로 찌르듯이 아픈 레이노이드 증후군이 일어날 수 있다. 증상이 나타나면 유두를 따뜻한 물에 담그거나, 따뜻한 찜질팩으로 보온해 이완시킨다.

이 같은 증상의 원인은 수유자세와 유방 모양, 아기의 구강구조 등에 있다.

아이가 초당 2회로 젖을 빠른 리듬으로 빨기 시작하면 1분 이내로 사출이 일어난다. 사출의 지속 시간은 60~120초다. 이때 젖을 삼키는 꿀꺽꿀꺽 소리가 크게 귀가에 들리는 것이 자연스럽다. 아기는 흐름이 약해지면 입안에 모아서 한 번에 삼킨다. 젖이 잘 안 나오면 다시 한 번 사출을 위해 빠른 리듬으로 빤다. 수유 시 한쪽 젖에서 사출이 2.2회 정도 일어난다.

수유 중 혀의 움직임을 보면 모유수유할 때와 젖병수유할 때가 확연히

다르다. 아기가 젖을 빨지 않으면 엄마의 유두는 아기의 혀 위 깊숙이 들어가지 않는다. 그러나 젖을 빨면 경구개와 연구개의 연결 부위까지 유두가 늘어난다. 혀가 앞뒤로 움직이면서 파도처럼 연동 운동을 하면서 젖을 빨아 삼킨다.

신과 함께 한 은재맘

신이 있을까? 평소 의문을 품고 살았다. 그런데 간절히 신을 찾는 사건이 있었다. 이는 어느 산모와의 인연에서 비롯됐다. 우리의 만남은 10여 년 전으로 거슬러 올라간다. 2007년 5월 새벽 4시, 곤히 잠들었는데 전화벨이 울렸다. "이른 새벽에 죄송합니다. 제가 가슴이 너무 아파요. 너무 아파요. 도와주세요. 도와주세요…." 산모는 울먹이며 힘겹게 말을 이어갔다.

"선생님, 상담소는 몇 시에 문을 여나요. 최대한 빨리 출근하실 수 있나요. 젖이 막혔어요. 아기가 젖을 먹지 못해서 계속 보채고 있어요." 자다 깨어 비몽사몽한 머릿속이 순간적으로 정신이 확 깼다. 버거워하는 산모와 보채는 아이가 눈에 선명하게 보이는 듯했다. 가슴을 움켜쥔 엄마의 고통, 사슴 눈망울 같은 아기의 울음소리는 보지 않아도, 듣지 않아도 내 가슴을 울렸다.

"제가 지금 나갈게요. 출발 하세요"라고 짧게 말한 뒤 빛의 속도로 상담소로 달려갔다. 부부는 벌써 상담소 문 앞에 기다리고 있었다. 산모의 유방을 보았다. 유두 끝에 하얀 물집이 잡혀 있었다. 젖을 짜자 알갱이(유전)가 툭툭 튀어 흘렀다. 배유구(젖 구멍)에서 젖과 알갱이를 뺐다. 젖이 천장을 뚫을 기세로 솟구쳤다. 생후 3개월인 남아의 이름은 은재다.

아기는 엄마 젖이 그리운지 여전히 울고 있었다. 앞에 나오는 젖인 전유는 아기의 배앓이를 유발할 수 있다. 은재가 복통을 일으키지 않도록 엄마의 전유를 조금 뺀 후에 교차식 요람자세로 젖을 먹이게 했다.

배고픈 아기는 굶주린 어린 사자를 연상시켰다. 필사적으로 젖을 빠는 은재의 목 넘김 소리는 마치 폭포수와 같았다. 아기는 10분 정도 엄마 젖을 먹었다. 수유쿠션을 돌려 엄마의 다른 쪽 젖을 미식 축구형으로 15분 정도 먹이게 했다. 아기는 입에서 젖을 슬그머니 뺐다. 미소를 짓는가 싶더니 어느새 세상 근심 없이 새근새근 잠이 들었다.

수유 사건 2주 후에 은재 엄마가 젖이 막혔다고 다시 도움을 청해왔다. 삼겹살과 피자를 먹고 수유간격을 놓친 것이 화근이었다. 고칼로리와 포화 지방산이 많이 함유된 음식은 모유의 유질을 떨어뜨린다. 유관 막힘의 원인이다. 수유간격을 놓치면 유방 안에서 모유가 빠져나오지 못한다. 이로 인해 정체된 모유는 면역력이 저하된 산모에게 염증을 일으키고, 유관 막힘을 유발할 수 있는 것이다. 젖이 가득찬 유방의 안은 압력이 높다. 아기가 젖을 세게 빨 때 유두 끝이 상처가 날 가능성이 높다. 이 경우 상처가 다시 젖 구멍을 막는 악순환을 보이고 상처를 통해 균이 침투하면 유선염도 발생한다.

유선염 증상은 심한 감기 몸살과 비슷하다. 온 몸이 쑤시고 두통이 있다. 오한을 느끼며 망치로 몸을 두들겨 맞은 것처럼 아프다. 불편함을 잊고자 자꾸 잠을 청하게 되고, 당연히 아기에게 젖 물리기가 힘들어진다. 이 모습을 보는 가족의 맘도 아파진다. 수유를 자제하게 하기도 한다. 그런데 수유 간격이 벌어지면 증상이 더 심해지는 악순환이 발생한다.

유방 상태에 따라 깊은 젖 물리기가 안 되거나 젖 흐름이 좋지 않을 수 있다. 이때 치아가 난 아기는 젖을 힘껏 빨아 유두에 상처난다. 상처가 반복되면 유두 주위에 새로운 살이 돋는다. 딱딱한 가피가 형성돼 주위 조직 순환이 안 되는 레이노이드가 올 수 있다. 레이노이드는 유두가 하얗게 질린 상태다. 심한 레이노이드는 바늘로 찌르는 듯 한 통증도 수반된다. 이때는 유방을 움켜쥐거나, 유두를 따뜻하게 찜질하면 도움이 된다.

1개 월 후에 은재 엄마에게서 다급한 전화가 왔다. 기름진 음식도 많이 먹지 않고, 수유 간격도 잘 지켰는데, 젖이 막혔다는 것이다. 생활 습관을 확인한 결과 그녀는 장시간 아기를 포대기로 업고 지냈다. 포대기가 오랜 시간 유방을 억눌렀던 것이다. 유방의 눌림은 유관 막힘의 원인이 된다. 그래서 수유모들에게 꽉 끼는 브래지어를 착용하지 말라고 한다. 젖의 흐름에 방해되기 때문이다.

잘 자라던 은재가 아토피 진단을 받았다. 아기의 알레르기검사 후 산모는 음식을 가려 먹으면서 14개월까지 모유수유를 했다. 이유식도 알레르기 반응이 보이는지 하나하나 확인하면서 먹였다.

두 살 터울인 둘째 여아인 화선이는 첫째 아이의 경험을 바탕으로 엄마가 음식조절하고 수유간격도 잘 맞추었다. 유방이 눌리는 행동을 삼갔다. 그 결과 생후 7개월까지 모유수유를 잘 하였다.

그러던 어느날 엄마가 사골을 먹은 뒤 젖이 심하게 막혔다. 나는 은재 엄마와 화선이가 안쓰러워 모유수유 대신 분유를 권유했다. 하지만 부부는 강하게 반대하며 청했다. "선생님, 우리 아가에게 모유수유를 포기하지 않고 먹일 수 있도록 도와주세요. 아기가 아토피가 있어서 꼭 모유수유를 해야 합니다." 은재 아빠는 간절히 부탁하였다. 나는 말하면서도 부끄러웠다. "부모님이 포기하지 않는다면 저도 포기하지 않고 도와드리겠습니다. 우리 힘을 내서 해봐요."

시간이 흘러 화선이가 14개월이 되었다. 은재 엄마에게서 다급한 목소리의 전화가 왔다. "화선이가 숨을 쉬지 않아요." 울먹이는 그녀의 목소리는 알아듣기가 어려웠다. 아기가 달고 있는 모니터에서 다급한 알람소리가 난다고 했다. 내 가슴이 무너졌다. 먹먹하여 말 할 수 없었다. 신께 기도하였다. "화선이를 살려주세요." 간절히 애원했다.

문제는 엄마가 외출했을 때 터졌다. 아빠가 화선이에게 은재의 우유를 커피 스푼에 조금 덜어 먹였다. 집에 돌아온 엄마가 발견한 화선이는 축 쳐져 있었다. 숨소리도 이상했다. 아기는 119에 의해 일산병원 응급실에 실려 갔다. 아나필락시스로 기관내 삽관을 해 호흡을 유지한 뒤 중환자실에 입원했다.

7개월 무렵에 분유를 권유했던 일이 생각났다. 온 몸에 소름이 돋았다. 은재아빠가 분유를 허락했다면 어떻게 됐을까. 지금의 나는 가장 좋아하는 일을 하지 못했을 것이다. 은재 엄마, 아빠가 한없이 고맙다. 나의 소중한 일을 행복하게 할 수 있도록 해 주신 신께 감사드린다.

분유 알레르기는 입 주위에 불긋하게 올라오거나 분수처럼 토를 하는 경우가 많다. 젖을 본의 아니게 끊어야 된다면 먼저 테스트를 한 후에 단유(젖 끊기)를 해야 한다. 이유식은 미음부터 시작해 다른 재료는 한가지씩 첨부하며 피부반응을 살펴야 한다.

★ 지혜로운 엄마와 아빠의 길라잡이

첫아이의 태동 느낌도, 둘째 아이의 심장 박동 감각도 기억에 선명하다. 첫 아이 때는 큰 물방울이 배안에서 터지는 느낌이었고, 둘째 아이 때는 깃털 같은 것으로 배 안을 쓸어내는 촉감이었다.

첫아이는 12시간 산고를 했지만 자연출산 하지 못했다. 응급으로 제왕절개를 했다. 3일 만에 품은 아기에게 젖을 물렸을 때 그 강한 흡인력에 '헉' 소리가 나올 만큼 놀랐다. 둘째 아이는 VBAC(vaginal baccum after c-section, 제왕절개수술로 출산 했던 산모가 자연분만으로 출산하는 방법)으로 자연출산을 했다. 내 몸에서 갓 태어난 따뜻하고 부드러운 생명을 가슴에 안았을 때의 전율이 지금도 생생하다.

직장 생활을 하며 임신과 출산, 모유수유를 했다. 아이들을 키웠던 그 시절은 고스란히 내 삶의 원동력이 되었고, 스토리로 남았다. 만약 아이들이 오지 않았다면 삶은 어땠을까. 그렇게 생각하니, 아이들이 날 키운 게 아닌가 싶다. 바쁘게, 주어진 현실을 살아내다 보니 아이들은 벌써 훌쩍 커 있었다 .

책을 집필하면서 임신 중의 태교의 중요성을 다시 실감했다. 한 사람의 일생에 얼마나 많은 영향을 미칠 수 있는가를 되뇌였다. 내 아이들을 임신했을 때의 태교는 어땠는가를 자문하고, 반성했다.

나의 두 아이는 흥미, 관심, 식습관, 삶의 방향성 등에서 너무 다르다. 한 뱃속에서 나왔는데도 성향은 남남이다. 체격도, 성격도, 식성도, 재능도 다르다. 임신했을 때 식성과 체중 증가, 정서 상태가 고스란히 반영되었음이 느껴진다.

첫 아이를 가졌을 때는 체중이 17킬로그램 증가했다. 떡을 비롯한 모든 음식을 맛있게 먹었다. 일찍 자고 일찍 일어났다. 큰 아이는 자라면서 무엇이든 잘 먹었다. 어릴 때부터 떡을 특히 좋아했다. 일찍 일어나고, 일찍 잤다. 체격은 통통했다.

둘째 아이를 임신했을 때는 VBAC을 성공하기 위해 노력했다. 체중은 8킬로그램 증가했다. 육아, 가사, 직장생활로 바빠서 일찍 자지 못했다. 아침에 일어나기가 힘들어 어른들의 눈총을 많이 받았다. 출근하기에 급급해 아침을 거의 먹지 못했다. 둘째 아이는 마른 체형이고, 아침잠이 많다. 예민한 성격에 아침밥을 거의 먹지 않는다.

정말 신기하다. 먹거리, 주변 환경은 임산부 태교의 중요 변수가 된다. 좀 더 지혜로운 선택으로 자궁 환경을 좋게 해야 한다. 최적의 태교로, 아이를 정서가 안정되고, 건강하게 키울 바탕을 조성해야 한다.

내가 아이들을 잘 키웠는지는 모르겠다. 분명한 것은 아이들이 나에게 와줘서 고맙다는 것이다. 이 책이 새 생명을 기다리는 예비 엄마와 아빠에게 지혜로운 선택의 길라잡이가 되기를 희망한다.

−장혜주−

★ 아이는 부모의 거울이다

"내 엄마여서 진짜 좋아!" 아이의 말 한마디에 눈물이 핑 돈다. 감동의 전율이 한 동안 가시지 않는다. '엄마가 좋아'라는 말은 늘 가슴을 짠하게 한다. 이 단어들은 엄마에게는 최고의 찬사다. 행복에 들뜬 얼굴로 아이를 지긋이 본다. 아이는 함박웃음으로 화답한다.

"아~! 행복하다. 나 잘 하고 있구나. 잘 살고 있구나!" 절로 높아지는 자존감, 누군가에 으스대고 싶은 본능이 꿈틀거린다. 어깨에 힘이 들어간다. 힘이 난다. 아이들은 내 삶의 비타민이다. 에너지의 원천이다.

책을 쓰는 동안 나의 태교와 육아도 떠올랐다. 나는 신생아실 간호사로 사회 첫 출발을 했다. 신생아실 간호사는 건강하게 태어난 아기도, 호흡조차 곤란한 중증 생명도 함께 돌본다. 대학병원 특성상 위급한 신생아도 꽤 있다. 그렇기에 회복되지 못하고 하늘나라로 가는 일도 있었다. 어린 생명을 하늘나라로 떠나보낼 때마다 눈물이 앞을 가렸다. 보호자를 차마 볼 수 없었다. 한 동안 일이 손에 잡히지도 않았다.

연차가 올라간 뒤 분만실로 부서를 옮겼다. 분만실에서는 산모와 함께 아이 탄생의 환희를 맛보았다. 모든 아이는 건강하게 태어나는 줄 알았다. 그러나 가끔 사산아, 기형아의 아픔도 있었다. 나는 간절히 기도하며 물었다. "신이시여! 가녀린 어린생명이 무엇을 알고, 무슨 죄가 있나요?"

세상과의 첫 만남인 분만실에서부터 생로병사는 시작된다. 그렇기에 건강하게 태어나는 것은 신생아도, 부모도 여간 행운이 아닐 수 없다.

나는 첫아이 임신을 안 뒤에 기쁨을 주체할 수 없었다. 온 몸이 황홀감으로 짜릿했다. 그 한편에 '아이가 건강할까'라는 불안감이 스멀스멀 올라왔다. 나도 모르게 조바심이 났다. 태아는 태동으로 엄마를 위로했다.

그러나 그때뿐이었다. 늘 초음파 보는 날을 손꼽아 기다렸다. 두근거리는 마음으로 태아의 심장소리를 들으며 안도하고 또 안도했다. 때로는 악몽에 시달렸다. 차츰 놀라 울면서 깨는 날이 많아졌다.

임신 준비 기간인 전반부, 뱃속 열 달의 임신기간인 중반부, 출생 후 세 살까지인 후반부를 통틀어 태교기간이라고 한다.

나는 시간제약과 무지로 인해 첫아이 전반부 태교는 안타까움이 많았고, 중반부 태교는 걱정과 불안의 나날이었다. 아이는 39주 2일의 임신기간과 10시간의 진통을 잘 견디고 세상에 나왔다. 걱정과 달리 건강했다. 아기와 모든 이에게 절로 고개가 숙여졌다. 진솔한 감사의 마음이었다.

하지만 아이는 예민했고, 유난히 울음이 많았다. 이때마다 뇌리를 스치는 생각들이 있었다. "내가 아이를 뱃속에서 힘들게 했구나. 내 불안과 걱정을 아이도 함께 느꼈겠구나."

후반부 태교는 완전 달랐다. 아이와 눈 맞추고, 어루만지고, 많은 이야기를 했다. 품에 안고, 살과 살을 접촉하며 모유수유를 했다. 집안의 모든 것을 놀이도구로 활용해서 함께 놀았다. 놀이터나 공원에서 맘껏 뛰어 놀게 했다. 다양한 종류의 많은 책을 읽어주고, 끊임없이 노래를 불러주었다. 안전상 문제가 되지 않는다면 "할 수 있어, 한 번 해 봐"라고 격려했다. 긍정적인 엄마의 모습을 보여줬다. 아이는 점점 밝아지고, 자신감을 찾아갔다. 엄마는 긍정적으로 자라는 아이를 보며 육아의 힘 듦을 잊을 수 있었다.

둘째 아이는 태교에 더 신경 썼다. 첫아이를 키운 소중한 경험이 밑바탕이 됐다. 그 결과 처음부터 첫아이와는 스타일이 달랐다. 적극적이고, 활발하고, 자신감이 넘쳤다. 두 아이의 다름과 변화를 보면서 다시금 태교의 힘을 느낀다.

어느덧 첫아이는 성인이 되었다. 스스로 진로를 선택하고 최선을 다하는 모습이 대견하고 고맙다. 둘째 아이는 고3 시절을 보내고 있지만 에너지가 넘친다.

가끔 아이들의 삶 속에서 나의 모습을 본다. 부모가 아이의 거울이듯, 아이도 부모의 반사경이다. 어떤 마음가짐으로 아이의 존재를 느끼며 태교를 하는가. 나의 삶이 아이에게 미치는 파장이 어떠할까. 긍정적 아이로 성장하길 바란다면 엄마가 먼저 감사하는 생활을 해야 한다. "엄마가 내 엄마여서 진짜 좋아!" 자꾸 듣고 싶은 말이다.

―이순주―

★ 길을 모르는 산모에게 등대가 되는 이야기

오랫동안 가슴에 박혀 있는 아픔을 내놓는다. 안타까움과 쉴 새 없이 밀려오는 회한 때문이다. 계절이 바뀜을 감지할 수 없었던 서울대입구 지하철역을 난 잊지 못한다. 네 살인 첫아이가 발달장애 진단을 받은 날이다.

눈물이 폭설처럼 앞을 가렸다. 차가운 칼바람이 얼굴에 상채기를 내도 알지 못했다. 매연을 머금은 듯한 잿빛 하늘에서 내리는 눈은 순수 흰색이 아닌 세상에서 단 한 번도 접하지 못한 회색빛 같았다. 눈 내리는 거리는 지저분하고 을씨년스러웠다. 내 맘만큼이나 시궁창 모습이었다.

가슴에 대롱대롱 매달린 작은 녀석은 아기 띠가 비좁다고 몸부림친다.

옆에서 걷는 큰 아이는 맨발이다. 한쪽 신발이 어디로 갔을까. 언제 신발을 잃어버렸을까. 얼마나 발이 시릴까. 찾을 수가 없었다. 심장이 찢기는 것 같아 숨 쉴 수가 없었다. 미친년처럼 외출한 정신은 작은 아이의 울음으로 겨우 가늠할 수 있었다.

무엇을 해야 할까. 어떻게 해야 할까. 삶과 죽음의 한 복판에서 고통스러워했다. 자신이 없었다. 이때 손을 놓고 무작정 달려가는 첫아이의 발걸음이 눈에 들어왔다. 어미의 본능적인 순발력일까. 아이의 팔을 꽉 잡았다. 나는 엄마이니까. 아이보다 하루라도 더 살아야 된다.

첫아이 치료를 위해 서울대 병원에서 프로그램을 공부했다. 이 과정에서 애착의 중요성을 알았다. 모성은 본능이다. 그러나 잉태 전부터 공부해야 모성을 합리적으로 발휘할 수 있다. 그날의 '미친년'은 20여년이 지난 지금은 산모와 함께 소통하는 강사가 되었다.

아침에 눈 뜨면 정신연령이 고작 6개월인 22살 아들에게 사랑한다고 말한다. 나의 아들은 6개월 아기가 보내는 해맑은 미소로 화답한다. 나는 그 순수함에 감사한다.

출산과 모유수유전문가로서 소중한 인연들을 만난다. 그 만남은 나의 삶의 희망이고 보람이다. 출산할 때 아기와의 소통법을 배운 부부는 핸드폰 동영상을 보내오곤 한다. 아빠는 출산 직후 엄마 가슴에 안긴 아기에게 곰 세 마리 노래를 불러준다. 엄마 아빠가 태내에서 들려주던 노래다. 그 순간 아기가 울음을 그치고 미소를 짓는다. 부모가 행복한 미소를 짓는다.

첫 젖물림을 하면서 행복해하는 부부는 세상을 다 얻은 모습이다. 나 또한 가슴이 뭉클하다. 엄마젖은 인공 젖꼭지를 빠는 것보다 60배나 힘이 든다. 젖은 나왔다 안 나왔다 한다. 젖 먹으면서 인생을 다 안 아기의 얼굴은 절망과 결핍을 거쳐 희망을 이야기한다. 아기는 삶의 예행연습을 엄마의 젖가슴에서 하는 것 같다.

희망을 품고 사는 사람에게는 행복호르몬이 흐른다. 행복한 에너지는 파장이 크다. 많은 사람에게 사랑을 전파한다. 매일 아침 핸들을 잡으면서 기도 한다.

저에게 오늘 하루도 산모와 아기를 위해 무엇이 중요한지 판단할 수 있고, 무엇이 우선인지 직관할 수 있는 통찰력을 주십시오.

지식이 아닌 지혜로 산모와 아기를 위해 소통할 수 있는 강사가 될 수 있게 도와 주십시오.

부모님의 무상을 느낄 수 있는 자식이 되게 도와주십시오.

인생여정의 동행자인 남편의 현명한 아내가 되게 도와주십시오

자식에게 조급하지 않게 지켜볼 수 있는 등대와 같은 어미가 되게 도와 주십시오.

수많은 산모가 아기와의 예행연습을 두려워한다. 길을 모르기 때문이다. 두려움은 중요한 것들을 어리석게 잃어버리게 할 수 있다. 이 책이 조금이나마 등불이 되어 미래의 희망인 산모와 아기에게 도움이 되었으면 하는 바람이다.

– 이은영–

태교 공부를 하면서 예전에 미처 몰랐던 사실을 많이 알게 되었다. 태교는 알면 알수록 아이의 인생에 미치는 영향이 크다. '왜 이제 알았을까'라는 안타까움이 진하게 들 정도다. 좀 더 일찍 알았더라면 좋았을 것이다.

10여 년간 산후조리원을 운영하면서 출산 고통으로 눈의 실핏줄이 터져 붉은 눈으로 입소하는 산모를 수없이 만났다. 왜 이렇게 출산의 고통은 큰 걸까, 남모르게 안타까운 마음을 곱씹곤 했다. 입소하자마자 젖몸살로 허리를 못 펴는 산모를 보면서 또 한 번 안쓰러움을 느꼈다.

시간이 약이라고 했던가. 즐거운 웃음으로 아기를 안고 퇴소하는 산모를 보면서 누구나 거치는 과정으로 생각했다. 그렇게 시간이 흐르고 모유수유전문가로 살면서 세상을 다시 보게 되었다. 산모가 그렇게 힘들지도 않고, 아프지도 않게 모유수유를 할 수 있음을 알았다.

인생의 시작은 출산 후부터가 아닌 잉태되기 전, 임신 준비 순간부터임을 알았다. 좀 더 알고 준비했다면 출산이 덜 힘들었을 것이다. 모유수유가 좀 더 쉬웠을 것이다. 내가 먼저 알았더라면, 내 아이를 가질 준비를할 때 이미 알고 있었더라면 얼마나 좋았을까. 그렇다면 좀 더 행복한 아이로 키울 수 있었을 것이다.

왜 나는 병원생활을 하면서 임신 중의 생명에 대해 그저 그 자리에 있는 것처럼 아무것도 모르고, 아무 생각도 없는 존재라고 생각했을까. 태아의 생명력에 대해 알고 있어야 한다. 아이가 아직 세상에 나오지 않았다고 해서 아무 생각 없이 엄마 뱃속에서 시간을 보낼 리는 없다. 단지 우리가 모르고 있었을 뿐이다.

우리나라의 전통태교 중 일부는 근래 들어 낡은 것인양 제대로 된 대접을 받지 못하고 있다. 아니, 어쩌면 그런 태교법이 어렵고 힘들어서 좋은 것 인줄 알지만 외면하고 있는지도 모른다. 아무리 힘든 환경에서도 한 명만이라도 진심으로 잘 되기를 바라고 후원하면 아이는 올바르게 성장할 가능성이 크다.

'세 살 버릇 여든 간다'는 말은 요즘의 뇌과학계에서도 회자된다. 뇌과학에서는 세 살까지 긍정적이고 밝은 환경을 제공하고, 다양하고 즐거운 경험을 많이 경험하게 해야 한다고 한다. 그때의 경험이 아이의 무의식에서 즐거움으로 쌓여 새로운 환경에 직면했을 때 긍정적 마음으로 시도할 수 있다. 새로운 경험에 긍정적이고 즐거운 경험의 기억은 성인이 되어서도 새로운 시도나 환경에 겁먹고 두려워하는 사람보다 훨씬 더 좋은 성과를 낼 수 있을 것이다.

태교는 알려진 것보다 훨씬 중요하다. 꼭 과학적으로 밝혀진 것만이 중요한 게 아니라고 생각한다. 태교는 인생 전체를 아우르는 중요한 시기다. 엄마의 생각, 마음, 행동들이 그대로 아기에게 각인되어 가는 과정이다. 좋은 자재로 기초부터 탄탄하게 지은 집은 오랜 세월이 흘러도 그 자리에 굳건히 버텨서 사람들의 안식처가 된다. 사람의 수명은 120년까지 기대된다. 120년을 버텨야 될 사람의 몸과 마음을 만들어야 한다.

사람의 기초를 다지는 기간은 생후 3년이 아니다. 엄마가 임신을 준비하는 시기부터 시작한다. 책을 쓰는 동안에 접한 유태인의 임신과 태교를 생각하면 전율이 인다. 유대교의 랍비는 공동체에 나이가 찬 젊은이가 있으면 결혼을 독려한다. 결혼한 사람은 임신 가능 시기를 따져 부부 관계를 하고, 그때부터 임신한 것처럼 태교를 시작한다. 이 같은 내용을 접하면서 유태인에게 세계를 이끌어가는 리더가 많고, 노벨상 수상자가 많은 것이 우연이 아님을 생각했다.

임신을 위해 좋은 것을 먹고, 임신 후에는 아이를 인격적으로 대한다. 또 좋은 음악, 좋은 생각으로 마음이 편안한 환경을 만드는 것이 태교의 기본이다. 아이가 세상을 살아가는 가장 강한 무기인 강한 몸과 마음은 엄마 아빠가 만들 수 있다. 아이를 만들고 품을 엄마와 아빠의 몸을 만드는 것부터 시작해야 한다. 세상을 움직이는 것은 사람이다. 그 사람을 맞을 수 있는 준비를 해야 가능하다.

- 이현주-